F. und S. Delarue

# Impfungen
## der unglaubliche Irrtum
### Ratgeber über Impfschäden und Impffolgen

Vorwort und Anhang für die
deutsche Ausgabe von
Dr. med. Gerhard Buchwald



Verlag Müller & Steinicke, München

Titel der französischen Ausgabe:
LA RANÇON DES VACCINATIONS

Übersetzung: BEATE BÖLTER

Durchsicht und Korrektur: PAUL VIERKE

Der Übersetzung lag die 6. französische Auflage zugrunde.

1. Auflage Mai 1990

2. Auflage November 1990

3. Auflage August 1991

4. Auflage Januar 1993

5. Auflage Januar 1995

6. Auflage April 1996

7. Auflage Januar 1998

8. Auflage Oktober 2004

unveränderter Nachdruck 2008

ISBN 978-3-87569-105-4


Druck: EOS-Druck, 86941 St. Ottilien

# Inhaltsübersicht

# Hinweis zur 7. Auflage

Bei der ersten Impfkritikerkonferenz am 19./20. 4. 1997 in Augsburg sprach Dr. Karl Strohmaier, ein sehr anerkannter und jetzt pensionierter Wissenschaftler, über das „Verbot der Impfung gegen die Maul- und Klauenseuche" (S. dazu S. 179–184). Dabei ging er auf eine völlig neue und unanfechtbare Methode ein, die Ursprünge von Seuchen nachzuweisen: die Analyse der Erbsubstanz der Viren. Sie ermöglicht es, die Verwandtschaft verschiedener Ausbrüche und Impf stamme zu vergleichen. Wörtlich sagte Dr. Strohmaier über die Maul- und Klauenseuchenimpfung, **die bis 1991 am meisten anerkannte und praktizierte Impfung bei Tieren:**

„Bei den meisten Ausbrüchen in Westeuropa in der jüngeren Vergangenheit konnten die Ausbrüche auf Impfstoffe zurückgeführt werden. Am spektakulärsten gelang dies bei der letzten großen Epizootie in Italien, die 1984/85 von Modena in Norditalien bis nach Sizilien lief und viele tausend Rinder und Schweine das Leben kostete...."

Über **die als beste angesehene Impfung bei Menschen, die Polioimpfung,** hieß es in der „Welt am Sonntag" vom 2. Februar 1997:

**„Kinderlähmung meist durch Impfung verursacht**

AFPWashington.

Fast alle registrierten Fälle von Kinderlähmung in den USA sind durch die Einnahme der Schluckimpfung ausgelöst worden. Zu diesem Ergebnis kamen die US-Gesundheitsbehörden. In den Jahren 1980 bis 1994 wurden 133 Fälle von Kinderlähmung verzeichnet. 125 der Erkrankten waren zuvor mit Lebendviren gegen die Krankheit geimpft worden."

München, im Januar 1998, der Verleger

# Hinweis ab der 3. Auflage

An einigen Stellen des Buches (z. B. S. 39, 78, 81, 85, 97, 119, 137) werden Ergebnisse von Tierversuchen zitiert, die in den entsprechenden Fällen zum sofortigen Verbot der betr. Impfung führen müßten. Warum ziehen die Forscher und Verantwortlichen nicht die Konsequenzen?

Die Antwort ist: Weil sie selbst den Tierversuch als äußerst fragwürdig und unwissenschaftlich ansehen und ihn als Alibi ihrer Geschäftspolitik benutzen. Paßt das Ergebnis zur Zielsetzung, nehmen sie den Tierversuch als aussagekräftig für den Menschen an. Paßt das Ergebnis nicht, verschweigen oder vernachlässigen sie es, nehmen andere Tierarten und forschen so lange, bis sich das Ergebnis dem Forschungsziel anpaßt.

Prof. Dr. Pietro Croce hat die sog. medizinische Wissenschaft, die auf Tierversuchen basiert, auf S. 25 seines Buches TIERVERSUCH ODER WISSENSCHAFT so charakterisiert:

> „Mit anderen Worten, es genügt zu wissen, welche Tierart man wählen muß, um zum Resultat ‚weiß' oder ‚schwarz' zu gelangen, ‚schön' oder ‚schlecht', ‚hoch' oder ‚tief', ganz nach Wunsch. Diese Art Wissenschaft läßt sich kneten wie Brotteig. Das Schlimme dabei ist nur, daß man den Anschein erwecken will, man könne aus demselben Brotteig auch die menschliche Gesundheit herstellen."

Diese Art von Wissenschaft gilt auch als Maßstab für die genmanipulierten Impfstoffe, die an argentinischen Rindern und mexikanischen Schweinen und anderen Tieren getestet werden, wie für die Genforschung überhaupt. Die biologische Verseuchung von Natur und Mensch ist, aufgrund des Tierversuchs, unvermeidlich.

DER VERLEGER

*„Den Risiken von Impfstoffen und Seren wird immer noch nicht so viel Bedeutung beigemessen, wie es eigentlich der Fall sein sollte ... Wenn es auch bedauerlich ist, daß im Gesundheitsministerium die Risiken bei Impfungen nicht bekannt sind, so erscheint es mir dennoch unglaublich, daß ein Bakteriologe überhaupt nichts von den Querelen über Schäden weiß, die während der vierzig Jahre vor 1930 aufgetreten sind. Man sollte jedoch bedenken, daß diese Unwissenheit darauf zurückzuführen ist, daß über dieses Thema nichts in den üblichen Büchern über Bakteriologie zu finden ist...*

*Zahlreiche Schadensfälle – ich vermute, die meisten – wurden nie schriftlich erfaßt, und zwar um Schadensersatzklagen zu verhindern, um den Impfgegnern keine Waffen in die Hand zu geben oder auch aus anderen Gründen.“*

„Die Risiken der Immunisierung“ von Sir Graham Wilson, Universität London

# Vorwort zur deutschen Ausgabe von Dr. med. Gerhard Buchwald

Seit Einführung des „Reichsimpfgesetzes“ im Jahre 1875 war es üblich, Impfzwischenfälle, insbesondere Impftodesfälle, dem Reichsgesundheitsamt in Berlin zu melden. Niemals aber sind Zahlen veröffentlicht worden. Die Schulmedizin leugnete das Vorkommen von Impfschäden, auch noch, nachdem Prof. Lucksch in Prag 1924 zweifelsfrei den Nachweis des Zusammenhanges zwischen Impfung und Hirnschädigung erbracht hatte. Verzweifelte Eltern, die versuchten, den Staat haftbar zu machen, wurden nach entsprechenden ärztlichen Gutachten von Gerichtszug zu Gerichtszug abgewiesen. Ausnahmslos hat das Reichsgericht in Leipzig jede Klage mit der Begründung abgewiesen, derartige Schicksale müsse der einzelne im Interesse der Gesamtheit tragen. In der Hitlerzeit wagte niemand über Impfschäden zu sprechen. Erst als der Bundesgerichtshof in Karlsruhe 1953 in einem Urteil (III. ZR. 208/51) die Verantwortlichkeit des Staates für angerichtete Impfschäden nicht nur anerkannte, sondern den Staat zur Zahlung von Entschädigungen verurteilte, mußten die Bundesländer sogenannte Impfschadensgesetze erlassen. In zunehmendem Maße erschienen in der medizinischen Literatur dann auch Veröffentlichungen über Impfschäden. Aber stets mußten die Autoren einen Kniefall vor der Impfgöttin machen, indem am Ende ihrer Monographie auf die angebliche Seltenheit von Impfschäden hingewiesen wurde und der Autor beteuerte, daß seine veröffentlichte Arbeit nicht den Sinn habe, am allgemeinen Wert der Impfungen zu zweifeln. Arbeiten, die diesen Kniefall vermissen ließen, wurden von den Schriftleitungen der schulmedizinischen Fachzeitschriften zurückgewiesen. Viele Impfschadensanträge wurden eingereicht. Wegen der in den folgenden Jahren auftretenden Streitigkeiten wurde bald eine einheitliche Regelung notwendig.

Deshalb wurde das „Zweite Gesetz zur Änderung des Bundesseuchengesetzes vom 25. August 1971“ erlassen. Es bestimmte, daß nach Inkrafttreten dieses Gesetzes die Versorgungsbehörden (das sind die Behörden, welche zur Versorgung der Kriegsbeschädigten geschaffen wurden) auch für die Regelung der Anerkennungs- und Entschädigungsfragen impfgeschädigter Bürger zuständig seien. Schon vor Inkrafttreten dieses Gesetzes hatte sich eine gemeinnützige Organisation, nämlich die „Deutsche Volksgesundheitsbewegung“ unter ihrem damaligen Vorsitzenden HERMANN FORSCHEPIEPE, impfgeschädigter Kinder bzw. deren Eltern angenommen, welche diese Organisation um Hilfe ersuchten. Als der Zustrom immer größer wurde, gründete HERMANN FORSCHEPIEPE 1968 den „Schutzverband für Impfgeschädigte e. V.“ mit Sitz in Hilchenbach/Siegerland. Vom ersten Gründungstag an bin ich ärztlicher Berater dieses Verbandes. In Frankreich hatte sich schon Jahre früher ein Interessenverband gegründet, der sich den Namen „Ligue Nationale pour la Liberté des Vaccinations“ (Nationale Liga für Impffreiheit in Frankreich) gab. Bald gab es Verbindungen zwischen beiden Verbänden. Erfahrungen wurden ausgetauscht, regelmäßig erhielt der Schutzverband die Zeitschrift der Liga „Liberté, Sante et Vaccinations“ (Freiheit, Gesundheit und Impfungen), und regelmäßig wurden wichtige Veröffentlichungen oder Gerichtsurteile nach Paris geschickt. Im Sommer 1988 erhielt ich von der Vorsitzenden der Liga, Madame SIMONE DELARUE, eine Einladung zu einem von der Liga veranstalteten Kongreß mit der Bitte, einen Vortrag über das Thema „Impfschäden in Deutschland“ zu halten. Diesen Vortrag hielt ich am l. Oktober 1988 in einem überfüllten Zuhörersaal in Paris. Er wurde in der Zeitschrift „Médecines Nouvelles, Nr. 47, April 1989“ veröffentlicht. Madame DELARUE schlug vor, diesen Vortrag in der deutschen Ausgabe ihres in Frankreich in mehreren Auflagen erschienenen Buches „La Rançon des Vaccinations“ („Impfungen – der unglaubliche Irrtum“) abzudrucken (Anhang S. 143 ff.)

Madame DELARUE ist keine Ärztin. Die Kenntnisse und das Wissen, der Lerneifer und der Lernfleiß dieser Frau sind, wie vorliegendes Buch zeigt, geradezu erstaunlich. Diesem Vorschlag, den ich als eine Ehre empfinde, komme ich gerne nach und sehe darin einen Ausdruck unserer Zeit: Ein deutscher Arzt spricht in Paris über Impfschäden in Deutschland. Dieser Vortrag erscheint als Anhang in einem in die deutsche Sprache übersetzten Buch, das vorher in 6 Auflagen in Frankreich erschienen ist. Das Buch wurde von einer französischen Frau und Mutter geschrieben, es erscheint jetzt in Deutschland mit dem Ziel, die Kinder beider Länder vor Impfungen zu schützen – weil Impfungen ein Verbrechen an den Kindern unserer beiden Länder sind.

## Der Gipfel

James Hillmann, Professor an der Universität Dallas (USA), hat 1979 auf einem Kongreß auf Korfu zum Thema „Wissenschaft und Gewissen – zwei Arten zum Verständnis des Universums" zu bedenken gegeben: „Wir erfassen das Ausmaß eines Ereignisses durch die Genauigkeit seines Inhalts. Unter Genauigkeit verstehe ich hier das Protokoll eines Ereignisses, und zwar nicht nur seine mathematische Genauigkeit, sondern auch seine Genauigkeit bezüglich der ethischen und ästhetischen Eigenart."

Für die mathematische Genauigkeit ist die Wissenschaft zuständig.

**Eine Impfung ist ein Ereignis.** Sie muß also den drei Anforderungen an dieses Protokoll entsprechen.

• **Wissenschaftlich**

Grundsatz des wissenschaftlichen Vorgehens ist die Genauigkeit bzw. die Kontrolle der vorliegenden Faktoren.

Die Impfung wurde zu einem simplen Akt gemacht. Gründe dafür sind wirtschaftliche Rentabilität, rasche Durchführung, Beruhigung der Massen. Impfärzten und Laboratorien, die Impfstoffe erzeugen, werden Schuldgefühle genommen.

Impfungen werden als Routinegesundheitsmaßnahmen dargestellt, die sicher sind, konstanten Schutz bieten und sozusagen völlig unschädlich sind. **Die Impfung ist jedoch das Beispiel überhaupt für Unsicherheit und unvorhersehbare Interaktionen und Reaktionen.** Sie steht in diametralem Gegensatz zum wissenschaftlichen Geist.

Was bleibt von der Unschädlichkeit, von der väterlichen Beruhigung, wenn man all das berücksichtigt, was die Impfung mit sich bringt? Schädliche Wirkungen der Konservierungsstoffe, der unterstützenden Mittel zur Verstärkung der Immunisierung, der inaktivierenden Substanzen, der Nährböden (Zellen tierischer

Herkunft, insbesondere von Affen); Aluminiumallergien, Reaktivierung abgeschwächter Viren, Aktivierung von Saprobionten und von latenten neurotropen Viren (ECHO-Viren und Coxsackie-Viren durch die Poliovakzine I, II, III), Auftreten von Krankheiten in abgeschwächter Form, Ansteckung der Umgebung durch den Geimpften, Aktivierung von präexistenten Krankheiten;

Zusammenhang zwischen dem Vacciniavirus und der Bildung von Gehirntumoren, Krebsgeschwülsten und Leukämie; Gefährdung des Vacciniaträgers während der Herstellung des Impfstoffs gegen AIDS, tödliche Wirkungen durch Kombinationen bei gleichzeitiger Einspritzung von zwei nichtvirulenten Viren; Störungen des Immungleichgewichts sowie des physiologischen Gleichgewichts; tiefgreifende Schädigung des retikuloendothelialen Systems durch Impfungen und schließlich freie Bahn für die verborgene Entwicklung von chronischen und degenerativen Krankheiten.

Aber was soll's? Wenn eine Komplikation in den Stunden oder Wochen, die auf eine Impfung folgen, auftritt, werden Fragen gestellt. Nachforschungen werden angestellt. Doch mit jeder Nachforschung wird das Problem ein wenig weiter unter den Teppich gekehrt wie alles, was die Öffentlichkeit nicht erfahren soll.

Komplikationen jedoch, wie z. B. funktionelle und organische Störungen, die 10, 20 oder 30 Jahre später auftreten, haben die Eigenschaft, aus dem Nichts aufzutauchen, ganz wie eine vulkanische Insel, die eines Tages aus den Fluten aufsteigt, ohne daß man weiß warum.

Der hat Krebs? Na und? Die hat Leukämie? Warum nicht? Jener leidet an Charakterstörungen? Und dann? Wenn man bei einer sofortigen postvakzinalen Komplikation nur die Schultern hebt, was bleibt dann noch zu heben, wenn eine Komplikation 10 oder 20 Jahre später auftritt?

**Jede Impfung ist wissenschaftlich gesehen ein Skandal.**

• **Ethisch**

Dieser Skandal wiegt noch schwerer, wenn man die ethische Annahme der Impfung berücksichtigt.

Impfungen mit dem Schein der beruhigenden dreifachen Gleichung

Impfung = Immunität

Impfung = Unschädlichkeit

Impfung = Sicherheit

zu umgeben ist medizinische Scharlatanerie: sie betrifft hier die Tatsache, daß die Immunität keinesfalls konstant ist, daß daraus eine falsche Sicherheit entstehen kann und daß die Unschädlichkeit keineswegs feststeht.

Ein Scharlatan ist „jemand, der die Leichtgläubigkeit der Öffentlichkeit auf irgendeine Weise ausnutzt, indem er sich seiner Produkte, seines Wissens oder seiner Qualitäten rühmt" *(Grand Larousse Encyclopédique).*

„Er sagte, daß diese Art von Medikamenten nur dazu diene, die Scharlatanerie am Leben zu erhalten, gegen die er eine unüberwindbare Abneigung hatte" (Montesquieu, *Lettres persanes*, 143).

Tatsache ist, daß die heutigen Massen, die meinen, in reifer Überlegung zu handeln, in Politik, Medizin und zahlreichen Konsumbereichen leicht der „Scharlatanerie anheimfallen" *(Littré).*

Impfen ohne vorherige Immununtersuchung und ohne Kontrolle in den Wochen danach ist vom ethischen Standpunkt aus zu verurteilen.

Die Masse der Impflinge als Maßeinheit ohne Berücksichtigung individueller Reaktionen zu nehmen ist moralisch, d. h. vom Standpunkt der medizinischen Ethik aus gesehen, unzulässig. Dies ist um so zutreffender, als diejenigen, die eine natürliche Immunschwäche aufweisen, am ehesten mit sofortigen oder späteren Komplikationen rechnen müssen.

**• Ästhetisch**

In einen gesunden Organismus ein teuflisches Spektrum von Viren bzw. Bazillen zu injizieren ist kein elegantes Vorgehen.

Wie der Mathematiker Henri Poincare sagte, gibt es für bestimmte geometrische Aufgaben eine elegante und weniger elegante Lösungen. Das gilt auch in der Heilkunde, wo eine Stärkung der Immunabwehr im Rahmen der harmonischen Entwicklung von organischen Funktionen durch die Beachtung der Gesetze erreicht werden kann, die gesunde Lebensbedingungen sowohl für die betroffene Person als auch für ihre Nachkommenschaft gewährleisten.

Die Untersuchungen von Simone Delarue zeigen, daß sie ihr Thema beherrscht, indem sie das ganze Ausmaß des Dramas, das jede Impfung darstellt, mit bemerkenswerter Klarheit darlegt.

Wenn man diese Studie gelesen hat, bedarf es des Gemüts eines Kamikazefliegers, um sich selbst impfen zu lassen; um jedoch sein eigenes Kind impfen zu lassen, muß man bereits die dunklen Abgründe der Gewissenlosigkeit erreicht haben.

Simone Delarue verfolgt beharrlich ein Ziel, dem sich alle – in welchem Bereich auch immer – verschreiben, die die Welt von Lügen befreien wollen.

Ich bin glücklich, mit diesem Vorwort denselben Weg einzuschlagen, um so Simone Delarue meine Freundschaft und meine Bewunderung beweisen zu können.

Dr. Jacques M. Kalmar

# Einleitung

Impfungen gehören zu unserem täglichen Leben, sie sind wie Gebrauchsgegenstände, die man anschaut, ohne sie wirklich zu sehen; und eines Tages, anläßlich eines Umzugs oder einer Änderung der Umgebung, erscheinen sie völlig unerwartet in einem neuen Licht. Bei Impfungen ist es meist ein Schock, ein Schadensfall in der Familie oder in der Umgebung, der die Frage nach der Schwere und der Häufigkeit solcher Schäden aufwirft, d. h., letzten Endes fragt man sich, welches Risiko man eingeht, wenn man sich impfen läßt.

Diese Frage beschäftigt uns in Frankreich besonders, denn von der Geburt bis zum zwanzigsten Lebensjahr sind wir vier Pflichtimpfungen, d. h. 13 Immunstimulationen unterworfen. Dennoch ist es unmöglich, eine Antwort auf diese Frage zu finden, denn, so unglaublich es auch scheinen mag, niemand hat sich je die Mühe gemacht, die verhängnisvollen Folgen von Impfungen auch nur zusammenfassend zu veranschlagen. Nicht einmal die unmittelbaren, sichtbaren, nicht zu bezweifelnden Schäden wurden öffentlich gemeldet oder registriert.[1,2]

Ihre Existenz wurde ganz einfach geleugnet, und es mußten erst zahlreiche Prozesse gegen den Staat angestrengt werden, bis sich eine Rechtsprechung ergab, so daß insbesondere der gefährliche Charakter der Impfungen nicht mehr vertuscht werden konnte.

Der spektakulärste Schaden ist natürlich die postvakzinaie Enzephalitis nach einer Pockenimpfung. Sie kann nur schwer bestritten werden, da ihre dramatischen Folgen fast unmittelbar nach der Impfung sichtbar werden.

Aber es wäre falsch, zu glauben, daß die postvakzinale Enzephalitis das traurige Privileg der Pockenimpfung ist. Sie tritt auch nach der Diphtherie-, Tetanus- und insbesondere nach der Keuchhustenimpfung auf.

Und in welchem Ausmaße? Es ist unmöglich, sich davon eine Vorstellung zu machen, nicht einmal eine ungefähre, denn die Fälle sind zahlenmäßig nicht erfaßt worden. Die Untersuchungen, die in verschiedenen Ländern gemacht wurden, weisen erhebliche Unterschiede auf. Das französische Gesundheitsministerium hat am 27. Mai 1977 in einer im Amtsblatt erschienenen Antwort schätzungsweise den Anteil postvakzinaler Enzephalitis (nach Pockenimpfung) von 1:200000 veröffentlicht, während es einige Jahre zuvor nur 1:800000 einräumte.

Bei einer amerikanischen Untersuchung von 1968 kamen 12,3 Fälle pro 1 Mio. Impfungen zutage.

Der Bericht des bundesdeutschen Gesundheitsministers zeigt für den Zeitraum 1950–1956 ein Verhältnis von 1:11705. Der Professor für Pädiatrie Hermann Doose (Kiel) hingegen schätzt den Anteil der Enzephalitiserkrankungen auf 250:1 Mio. Impfungen!

Doch auch hier handelt es sich um den bekanntesten und den am leichtesten identifizierbaren Schaden!

Die Pockenimpfung führt ihrerseits zu weiteren Komplikationen:

• Vakzinalekzem pro 1 Mio. Impfungen (nach einer amerikanischen Untersuchung von 1968):
Erstimpfung: 10–40 Fälle Zweitimpfung: 1–3 Fälle
30–50% der Fälle sind auf den Kontakt mit einem Geimpften zurückzuführen.

• Allgemeinreaktionen pro 1 Mio. Impfungen:
Erstimpfung: 241 Fälle
Zweitimpfung: 9 Fälle

• Fieberkrämpfe (H. Doose und Mitarbeiter):
1270 Fälle/Mio.

• Epilepsie (G. Marinescu und Mitarbeiter): 250 Fälle/Mio.

• Anomalien im Elektroenzephalogramm (H. Lorenzoni und Mitarbeiter): 280000/Mio.

Mit größter Wahrscheinlichkeit sind diese Zahlen in Wirklichkeit höher. Wenn auch einige Ärzte nie mit postvakzinalen Schäden zu tun haben, so trifft dies bei weitem nicht auf alle Ärzte zu. Ein Arzt in Plessis-Brion (Oise), der den Fall eines Enzephalitisopfers verfolgte, gab zu, daß er in seiner Praxis auf neun ähnliche Fälle gestoßen sei. Die Eltern von Opfern, die Neurologen aufsuchen, erkennen bald, daß ihr Fall kein Einzelfall ist.

Wenn auch die Komplikationen der Pockenimpfung, die ja die älteste und häufigste Impfart ist, relativ gut untersucht wurden, so gilt dies nicht für neuere Impfungen. Wir haben nur eine vage Vorstellung von den Erkrankungen, die durch Impfungen hervorgerufen werden, denn die einzigen Informationen, die wir besitzen, sind persönliche Feststellungen, die mehr oder weniger einer Bestätigung bedürfen, und Untersuchungen, die in der medizinischen oder wissenschaftlichen Presse erscheinen. Wir kennen im besten Falle die Art der Erkrankung, nicht aber ihr zahlenmäßiges Ausmaß, und es ist völlig unmöglich, dieses abzuschätzen.

Für die Behörden beschränkt sich die Zahl der postvakzinalen Schäden auf die Zahl der Prozesse, die zu Schadensersatzzahlungen geführt haben, was grotesk ist, wenn man die Schwierigkeiten derjenigen berücksichtigt, die solche Schritte unternommen haben. Ausgeschlossen sind alle die, die verstorben sind und für die die Eltern nichts zu verlangen wagen, und auch die, die aus den verschiedensten Gründen ihr Recht nicht in Anspruch nehmen können (Verjährung, Impfung durch den Hausarzt vor 1975 etc.). So ist es nicht möglich, den direkten Zeugenaussagen zuviel Vertrauen zu schenken, denn sie sind so zahlreich, daß man mit ihrer Untersuchung nur fertig werden kann, wenn man sie der einfachen Kategorie der „Zufälle“ zuordnet.

In England haben 2600 Familien eine Entschädigung für ihre Kinder beantragt, die nach einer Keuchhustenimpfung neurologische Schäden aufwiesen. Um eine solche Entschädigung in Anspruch nehmen zu können, muß die

Invalidität mindestens 80% betragen. Gehen die Engländer mit Impfungen nachlässiger um als wir? Nichts berechtigt zu dieser Annahme. Jedoch hat es in der Presse ein Echo gegeben, dem zufolge ein Parlamentsmitglied, M. Ashley, von der Regierung Hilfsmaßnahmen gefordert hat, so daß die Eltern dieser Kinder sich zusammenschließen konnten. Bei uns werden die Opfer allein gelassen.

Auf einem Symposium, das 1978 in Bethseda stattfand, hat der Chef der Abteilung für Sozialmedizin der Universität Glasgow, Schottland, Dr. G. Stewart, bestätigt, daß gemäß der von ihm gesammelten Daten bei 250000 Keuchhustenimpfungen mit einem Fall von schwerer Gehirnschädigung gerechnet werden muß.

Die allgemeine Einführung der Diphtherieimpfung hatte seinerzeit heftige Kritik ausgelöst aufgrund der Reaktionen, die diese Impfung hervorruft (Nesselfieber, Nierenschäden, Rheumatismus, Diabetes). Ein Mittel gegen Diabetes wurde besonders unter die Lupe genommen, die Cocarboxylase, von der man annehmen konnte, daß die möglichen Anwender zahlreich genug waren, um die Kommerzialisierung eines bestimmten Medikaments zu beweisen.

Die medizinische Literatur in Frankreich berichtet zwar nichts über die Enzephalitis, die nach der Diphtherieimpfung auftrat, mehrere Opfer wurden aber aus diesem Grund entschädigt.

Die gesetzliche BCG-Impfpflicht war bei Medizinern Anlaß zu derartigen Kontroversen, daß es mehrere Jahre dauerte, bis das entsprechende Gesetz in Kraft treten konnte.

Die Zeitschrift *Presse Medicale* vom 25. März 1969 berichtet von 38 schweren Fällen von Hauttuberkulose nach einer BCG-Impfung.

Diese „Becegitis“ äußert sich meist durch eine Erkrankung der endo- oder exokrinen Drüsen.

Uns wurden zahlreiche Fälle von Sehschäden bis hin zur völligen Erblindung gemeldet.

Was wäre aber, wenn alle diese Zwischenfälle und Schäden, die in den Tagen und Wochen nach der Impfung auftreten, nur die sichtbare Spitze des Eisbergs wären?

Bei den immer häufiger verwendeten viralen Impfstoffen (Röteln – Masern – Polio – Grippe – Mumps) sind die Gefahren heimtückischer, sie können sich bei der Nachkommenschaft der Geimpften auswirken und zur Gefahr für ihre Umwelt werden.

Gerade diesen Teil des Eisbergs versuchen wir in dieser Untersuchung freizulegen.

Die Auszüge und Ausschnitte, die wir im folgenden veröffentlichen und die im allgemeinen der medizinischen Literatur entnommen wurden, zeigen, welche Rolle Impfungen bei schweren Krankheiten spielen, die die sogenannten weiterentwickelten Länder betreffen: kardiovaskuläre Erkrankungen, Krebs, genetische Schäden und sogar AIDS.

Noch einmal: Es ist unmöglich, Zahlen vorzulegen, denn niemand interessiert sich für dieses Problem, wie Prof. R. C. Robbins auf einem Kolloquium des „National Cancer Institute" in den USA 1968 über die zur Herstellung von Impfstoffen angelegten Zellkulturen bedauerte, als er von der „relativen Gleichgültigkeit in Kreisen des öffentlichen Gesundheitswesens und der Mediziner" hinsichtlich des Problems der Sterblichkeit bestimmter Kategorien und insbesondere, was Impfungen betrifft, sprach.

Die Verfassung spricht jedem das Recht auf freie Religionswahl und politische Wahl zu: die Impfpflicht[2] ist eine unzumutbare Pflicht, und wir verlangen völlige Entscheidungsfreiheit.

Simone Delarue

[1] Erst 1977 hat die damalige Gesundheitsministerin, Frau Veil, nach einer Pressekonferenz, die wir gegeben haben, die Mediziner aufgefordert, postvakzinale Schäden zu melden. Wie viele tun das aber?
[2] Zu den Verhältnissen in Deutschland: Vgl. Anhang ab S. 143.

# Vorbemerkung zur 5. und 6. Auflage

In den früheren Ausgaben dieses Werkes wollten wir vor allem zeigen, daß Impfungen bei allen Geißeln im Spiel sind, die die Industrieländer betreffen: degenerative Krankheiten, kardiovaskuläre Erkrankungen, Krebs, multiple Sklerose, AIDS, genetische Schäden etc. Wir möchten, daß Impfungen nicht nur im Hinblick auf die Allgemeinheit gesehen werden, sondern auch im Hinblick auf den einzelnen, für den und dessen Umgebung es äußerst schmerzlich ist, wenn er einen Schaden davonträgt, was aber keineswegs alle die berührt, die an unserer Stelle über unsere Gesundheit entscheiden. Wir werden also diese Abhandlung sorgsam aufbereiten, obwohl sich der Preis, den wir für die Impfungen zahlen müssen, nicht nur auf schwere Krankheiten beschränkt.

Die neuesten Erkenntnisse auf dem Gebiet der Immunologie geben Anlaß zu glauben, daß nur eine Änderung unserer Einstellung zur Gesundheit es ermöglicht – solange noch Zeit ist –, den zukünftigen Generationen die Mittel zu ihrem Wohlergehen zu geben. Unsere Einstellung muß im wahrsten Sinne des Wortes ökologisch sein. Sie muß das äußere und innere biologische Gleichgewicht berücksichtigen. Unter diesem Gesichtspunkt sind Impfungen nur ein Störfaktor. Dies haben übrigens alle die begriffen, die Impfungen ablehnen. Ihr einziges „Unrecht" liegt in der Tatsache, daß sie zu früh recht hatten.

Sehr häufig wird die Pockenimpfung zitiert, einerseits, weil sie die älteste und von daher auch am besten untersuchte ist, und zwar insbesondere zu einer Zeit, als die Lebensbedingungen noch nicht so gut waren wie heute und als sich die Gegner und sogar die Nichtbefürworter dieser Technik äußern konnten, und andererseits, weil es sich um eine virale Impfung handelt und die Aktivität der Viren in den gegenwärtig verbreitesten Krankheiten nachgewiesen werden kann.

Was wir über Viren wissen, ermöglicht uns, die Auslöserrolle des Vakzinvirus (ein nicht in der Natur vorkommendes, bei der Pockenimpfung verwendetes Virus) bei Krebs und Leukämie besser zu begreifen.

Als Prof. Dr. Duran-Raynals das Vakzinvirus für seine Untersuchung der Rolle des Virus in der Krebsgenese verwendet hat, wählte er dieses nur deshalb, weil es das gewöhnlichste der Viren war, das allen gespritzt wurde, und nicht, weil es außergewöhnlich pathogen ist.

Es ist jedoch zu befürchten, daß alle anderen in den Impfstoffen verwendeten Viren eines Tages dieselben Eigenschaften enthüllen wie das Vakzinvirus.

Aus diesem Grund haben wir alle Zitate über die Pockenimpfung belassen, obwohl sie seit der Ausrottung der Pocken in Frankreich ab 1977 nicht mehr vorgenommen wird.

Ein anderer Grund ist, daß die durch Gentechnologie erzeugten Impfstoffe – insbesondere gegen AIDS – das Vakzinvirus als Zwischenwirt benutzen.

Diese neuen Impfstoffe beinhalten neben ihren eigenen Risiken somit auch alle die, die dem Vakzinvirus eigen sind.

1. Kapitel

# IMPFSCHÄDEN

Reaktionen auf Impfungen können gutartig sein: Fieber, Schmerzen oder Entzündungen an der Einstichstelle, aber sie können auch Komplikationen hervorrufen.

Diese können vorübergehend auftreten oder von Dauer und mehr oder weniger schwer sein und sogar zum Tod führen. Sie können unmittelbar auf die Impfung folgen oder nach einigen Tagen, Wochen und sogar erst nach Monaten auftreten.

Es ist also sehr schwer, mit Sicherheit zu sagen, ob die Beschwerden eines Geimpften tatsächlich auf die Impfung zurückzuführen sind, und noch schwieriger ist es, festzustellen, ob die Impfung eine Krankheit verursacht hat, die erst mehrere Monate oder Jahre nach einer Impfung auftritt.

Einerseits geben die Statistiken über das Auftreten von Gehirnerkrankungen bei Geimpften und Nichtgeimpften nur einen globalen Überblick über ein kollektives Risiko, andererseits erbringen sie jedoch nicht den Beweis, daß gerade nicht die Impfung die Gehirnerkrankung eines geimpften, bisher gesunden Kindes hervorgerufen hat.

Das Gebiet ist von einer solchen Komplexität, daß alle Untersuchungen nur annähernd und völlig relativ sein können. Diese Komplexität kam bei einer Untersuchung zutage, die auf Veranlassung des britischen Gesundheitsministeriums durchgeführt wurde, um Hunderte von Opfern zu entschädigen, die eine Wiedergutmachung gefordert hatten.

Niemand kann den wissenschaftlichen Beweis erbringen, daß ein Schaden tatsächlich der Impfung zuzuschreiben ist, doch ebensowenig kann das Gegenteil bewiesen werden.

Die Untersuchungen zeigen jedoch, daß bestimmte Krankheitsbilder häufig in Verbindung mit bestimmten Impfungen auftreten. Dadurch wird eine den jeweiligen Umständen entsprechende Anpassung der großen Impfkampagnen möglich, d. h., die Zusammensetzung bestimmter Impfstoffe kann geändert werden, aber das Risiko, das der einzelne, der sich impfen läßt, eingeht, ist damit trotzdem nicht bekannt.

**Worauf beruhen die verschiedenen Impfreaktionen, ist es möglich, sie vorauszusehen und sie somit zu vermeiden?**

Das Thema ist sehr komplex, die Gefahren hängen von den verschiedenen Impfungen, von der Art, wie der Viren- oder Mikrobenkörper gezüchtet wird, und insbesondere von der Person ab, die geimpft wird.

Unter den Pflichtimpfungen in Frankreich[4] befinden sich folgende:

• Zwei Impfstoffe, die nicht von einem Mikrobenkörper erzeugt werden, sondern auf der Grundlage des von den Mikroben abgesonderten, schwächeren Giftes. Es handelt sich hierbei um die Impfstoffe gegen Diphtherie und Tetanus (DT).

• Ein Impfstoff, der auf der Grundlage eines lebenden, jedoch abgeschwächten Mikrobenkörpers erzeugt wird, d.h. des Tuberkulosebazillus, des BCG. Vor und nach dieser Impfung werden Kontrollen mit dem Gift des Koch-Bazillus durchgeführt (Tuberkulintest: kutan oder intrakutan).

• Ein Impfstoff mit abgetöteten Viren wie der Polioimpfstoff (Salk), der oft in Verbindung mit DT injiziert wird, oder ein Impfstoff mit lebenden Viren (Sabin) wie der Polioimpfstoff, der in Form einer Schluckimpfung im allgemeinen mit Zucker verabreicht wird.

Neben diesen Pflichtimpfungen in Frankreich gibt es die von den Behörden empfohlenen Impfungen, wobei häufig der Eindruck entsteht, daß es sich ebenfalls um Pflichtimpfungen handelt. Sie werden demzufolge insbesondere Kindern verabreicht, die einen Kinderhort besuchen.

Bei diesen Impfungen handelt es sich vor allem um

• die Keuchhustenimpfung,

• Impfungen gegen Röteln, Masern oder Mumps, deren Impfstoff mit abgeschwächten (also mit lebenden Viren) erzeugt wird.

Bei Erwachsenen sollte nicht die alljährliche Grippeimpfung vergessen werden, die ebenfalls eine Virenimpfung ist.

### Gefahren, die vom Mikroben- oder Virenkörper ausgehen

Zunächst besteht hier die Möglichkeit der Reaktivierung oder der Mutation, der zufolge bei dem Geimpften oder in seiner Umgebung die Krankheit ausgelöst wird, die gerade vermieden werden sollte. Dies ist insbesondere bei lebenden Viren zu befürchten.

Impfungen, die eine sehr abgeschwächte Form der Krankheit auslösen sollen, gegen die geimpft wird, sind nur wirksam, wenn der Impfstoff so beschaffen ist, daß die Krankheit keinen akuten Verlauf nimmt.

Sowohl die Argumente der Befürworter toter Vakzine, die weniger wirksam, aber auch weniger gefährlich sind, als auch diejenigen der Befürworter lebender Vakzine, die wirksamer, aber dafür gefährlicher sind, haben in der medizinischen Presse immer eine lebhafte Diskussion hervorgerufen, eine Übereinstimmung wurde jedoch nie erzielt.

Für Impfungen mit lebenden Vakzinen (BCG – Polioschluckimpfung – Röteln – Mumps – Masern etc.) besteht bei Personen, die eine Immunschwäche aufweisen oder die mit Kortison behandelt wurden, eine Gegenanzeige.

Diese Gefahr ist bei Virenimpfstoffen besonders groß, da sich das Virus durch eine aufeinanderfolgende Übertragung von einer Person auf die andere reaktivieren kann.

Impfungen mit Viren (Polio – Pocken – Röteln – Masern – Grippe) sollten gesondert untersucht werden[1], denn Viren haben ganz besondere Widerstands- und Mutationseigenschaften.

Sie können jahrelang in einem Organismus latent vorhanden sein und erst krankheitserregend wirken, wenn ein anderes Virus, ein physischer Faktor – z.B. Röntgenstrahlen –, ein chemischer Faktor oder ganz einfach eine Immunschwache hinzukommen.

Viren können Chromosomenänderungen verursachen. „Das im lebenden Impfstoff gegen Kinderlähmung enthaltene abgeschwächte Virus Typ II hat in Zellkulturen Chromosomenänderungen hervorgerufen“ (Prof. de Long, Toledo).

Normalerweise dürften Impfstoffe, die auf der Grundlage von abgeschwächten Toxinen erzeugt wurden, wie der Impfstoff gegen Tetanus oder Diphtherie, weder Tetanus noch Diphtherie auslösen. Doch genau dies wurde bei Diphtherieepidemien von frisch Geimpften beobachtet. Diese Fälle wurden natürlich darauf zurückgeführt, daß der Kranke während der Inkubationszeit geimpft worden sei und daß ihm der Impfstoff zu spät verabreicht worden sei, um ihn zu schützen.

Dieses Argument befriedigt den Verstand; aber selbst abgeschwächte Mikrobentoxine sind vielleicht nicht so unschuldig, wie man glauben und behaupten möchte. Die Untersuchungen Bochians (UdSSR), der den Mikrobenkörper nur auf der Grundlage des Toxins erzeugt, beweisen, daß wir noch nicht alles über das Leben der Mikroben wissen. Aufgrund dieser Untersuchungen können wir uns nicht damit begnügen, die Diphtheriefälle nach der Impfung oder die Reaktivierung von Tuberkulose nach den Tuberkulintests als unglückliche Zufälle anzusehen.

Die Proteine der Antigene können im Organismus sehr schwere allergische Reaktionen hervorrufen, die zum Tode führen oder nicht mehr rückgängig zu machende neurologische Schäden bewirken

Dies ist einer der Gründe, warum Laboratorien möglichst Impfstoffe herstellen, die nur ein Minimum an Proteinen oder sogar nur den Teil des Virus enthalten, der die Immunreaktion auslöst, oder warum sie synthetische Impfstoffe herstellen.

Der Immunkomplex von Antigen (Vakzinemikrobenkörper) und Antikörper kann allergische Krankheiten auslösen:

Nierenschäden, Kapillarblutungen, Asthma, Rheumatismus, Ödeme, Nesselfieber oder sogar Herzleiden (Infarkt) etc.

Deshalb wird von kurz aufeinanderfolgenden Impfungen gegen Tetanus abgeraten, da sie Überempfindlichkeitsreaktione n bewirken können, wenn zahlreiche Vakzineantikörper im Blut bleiben.

**Gefahren, die vom Nährboden des Antigens ausgehen**

Impfstoffe werden auf tierischen Zellen kultiviert, die allergische Reaktionen hervorrufen können, wie z. B. die Impfstoffe gegen Röteln und Grippe, die auf Eiern kultiviert werden.

Die größte Gefahr geht jedoch von Affenzellen aus, auf denen die Impfstoffe gegen Polio kultiviert werden. Affen sind Träger zahlreicher Viren, die besonders virulent sind, wenn andere Gattungen damit infiziert werden.

Millionen von Kindern wurden mit einem Polioimpfstoff geimpft, der das Virus Simian 40 (SV40) enthielt, bevor man sein Vorkommen bemerkte. Löst dieses bei Hamstern krebserregende Virus auch bei Menschen Krebs aus? Die Impfstoffhersteller versuchen uns zu beruhigen, aber Untersuchungen dieses Impfstoffs bei geimpften schwangeren Frauen haben gezeigt, daß der Anteil krebskranker Kinder bei ihnen höher war, als der bei den nicht geimpften Frauen.[2] Heißt es nicht, daß die grüne Meerkatze aus Afrika Träger eines Virus ist, das mit dem erst kürzlich entdeckten AIDS-Virus verwandt ist? Genau jene grüne Meerkatze wird bei der Herstellung von Impfstoffen verwendet … Wer kann uns garantieren, daß nicht das AIDS-Virus – dessen Herkunft bislang nicht bekannt ist – direkt oder indirekt von den Laboraffen und von den Affenzellen übertragen wird, auf denen seit 30 Jahren der Polioimpfstoff kultiviert wird? Diese Hypothese ist durchaus plausibel, denn Viren ändern bei der

Übertragung von einer Gattung auf eine andere leicht ihre Form.

„Die Zellkulturen, auf denen Viren kultiviert werden, können von anderen Viren befallen sein. Die einfallenden Viren werden nichtzwangsläufigdurchdieangewandtenPassivierungsverfahren wirkungslos gemacht und können sich deshalb ebensogut in einem Impfstoff aus lebenden wie in einem Impfstoff aus abgetöteten Viren befinden. Sie aufzufinden kann schwierig sein“, schreibt R. Thomson, Direktor des Hygieneinstitus der Universität Göttingen in *Medizin und Hygiene,* April 1974.

Die medizinische und wissenschaftliche Presse bietet nur wenige Informationen zu diesem heiklen Thema. Einer Untersuchung zufolge, die im April 1987 in der sehr ernst zu nehmenden Zeitschrift *The New England Journal of Medicine* veröffentlicht wurde, sind im Jahr 1945 175000 bis 600000 amerikanische Soldaten mit dem Hepatitis-B-Virus infiziert worden, der in einem Impfstoff enthalten war. Es hat 42 Jahre gedauert, bis dies enthüllt wurde! Hunderttausende wurden also mit einem Virus kontaminiert, von dem bekannt ist, daß es Leberkrebs hervorruft!

## Gefahren der abschwächenden und verstärkenden Faktoren

Damit eine Impfung – oder genauer eine Immunisierung – den erforderlichen Effekt hat, müssen die Mikroben oder Viren, die in den Organismus eingebracht werden, ausreichend aktiv sein, um eine Immunreaktion auszulösen. Sie dürfen jedoch nicht so aktiv sei, daß eine akute Form der Krankheit ausgelöst wird, die ja verhindert werden soll. Die richtige Dosierung und die Reaktionen der Organismen, denen dieser Impfstoff verabreicht wird, machen es gerade so schwierig, aktive Impfstoffe zu erzeugen, die nicht pathogen oder nicht zu pathogen sind.

Die Viren und Mikroben werden also durch physikalische

(Wärme, Schall) oder chemische Verfahren abgeschwächt oder abgetötet. Auch diese abschwächenden Faktoren bergen Gefahren, die sehr schwerwiegend sein können.

Antibiotika können allergische Reaktionen auslösen oder sogar einen noch heimtückischeren und schwereren Einfluß ausüben.

Betapropriolakton, das für die Inaktivierung der Impfstoffe gegen Polio oder Grippe benutzt wurde, soll wegen seiner krebserregenden Wirkung aus dem Verkehr gezogen worden sein. Einige Laboratorien verwenden es offensichtlich jedoch weiterhin, weil – wie uns geantwortet wurde – die Injektion dadurch nicht so schmerzhaft ist …

Gegenwärtig wird von den Wissenschaftlern heftig die Frage diskutiert, welche Gefahren Aluminium in Impfstoffen, Medikamenten oder dermatologischen Produkten birgt. 45 Veröffentlichungen bestätigen die unerwünschten Wirkungen von Aluminium, „sie enthalten jedoch keine Aussage über die Verantwortung, die Impfungen beim Auftreten von Schäden oder bei speziellen Krankheiten tragen. Sie befassen sich jedoch mit der wichtigen Frage, ob Aluminium Allergikern gegeben werden darf und ob Aluminium nicht auf die Dauer eine Allergisierung der Bevölkerung bewirkt. Mit anderen Worten, ist nicht die ständig größer werdende Zahl der Allergiker (Asthmatiker z. B.) teilweise auf Aluminium zurückzuführen?“ *(Le Matin,* 4. November 1986)

Auf die Frage der Zeitschrift *Que choisir?,* ob die Bevölkerung nicht allergisiert wird, wenn eigentlich ihre Abwehrkräfte gestärkt werden sollen, antwortet Dr. Louis Lery, Chef des Impfdienstes am Institut Pasteur in Lyon: „Ich werde mich hüten, diese Frage zu beantworten; wenn man gegen Tetanus, Diphtherie, Polio, Keuchhusten und Hepatitis B impft, werden insgesamt 8 mg Aluminiumhydroxid injiziert. Man sollte wenigstens allergische Kinder nicht mit diesen Impfstoffen impfen.“ *(Que choisir?,* März 1987)

Die Gefahr einer allgemeinen Allergisierung ist also keineswegs gering, aber noch beunruhigender ist die Tatsache, daß Aluminium möglicherweise einer der Faktoren ist, der zu seniler Demenz, zu einer geistigen Beeinträchtigung des Gedächtnisses und der Persönlichkeit, d. h. zur Alzheimerschen Krankheit führt.

Impfstoffe gegen Diphtherie, Tetanus und Grippe enthalten Formaldehyd (Formol). Die für Lebensmittel und Medikamente zuständige Behörde hat die krebserregende Wirkung dieses Produktes nachgewiesen, das auch in einigen Zahnputzmitteln und Holzschutzmitteln enthalten ist. Diese Impfstoffe hatten zahlreiche Schäden verursacht, wenn sie Alaun enthielten.

Wenn Antigene zu stark abgeschwächt werden oder wenn nur Teile der Mikroben oder Viren eingesetzt werden, um zu heftige Reaktionen zu vermeiden, die aufgrund eines durch ihre Proteine ausgelösten anaphylaktischen Schocks entstehen, verlieren die Impfstoffe viel von ihrer Wirksamkeit. Man verwendet deshalb Zusätze, die ihre Tätigkeit im Abwehrsystem der Geimpften verstärken.

(Ich gebrauche nur ungern das Wort „Wirksamkeit“, weil es den Eindruck vermittelt, daß die Reaktion des Immunsystems tatsächlich eine Schutzwirkung auch für spätere Angriffe von Mikroben oder Viren derselben Art auf den Organismus hat. Das ist nicht der Fall. Doch dies ist ein anderes Thema, das eine nähere Betrachtung verdient.)

Diese sogenannten die Immunität stärkenden Produkte können vielmehr eine schädigende Wirkung auf den Organismus des Geimpften ausüben.

Der organische Konservierungsstoff auf Methylthiolactatq uecksilberbasis, der in Tetanusimpfstoffen enthalten ist, hat immer wieder die Aufmerksamkeit der Allergologen erregt. 8 von 30 Personen haben nach einem Sensibilisierungstest eine positive Reaktion auf die Impfung gezeigt. Die Patienten zeigten lokale Reaktionen, schmerzhafte Entzündungen, manchmal Fieber und ein Anschwellen der Lymphknoten, verbunden mit Hautausschlag, Nesselfieber, akute allergische Allgemeinreaktionen und Unbehagen.[3]

## Impfstreß kann Krankheiten auslösen

„Eine Impfung kann durch den von ihr ausgelösten Streß Krankheiten hervorrufen. Pockenimpfungen oder insbesondere Diphtherie- oder Keuchhustenimpfungen können bei Personen, die gesunde Träger des Poliovirus sind, Polio auslösen. Bei der Hälfte der Fälle tritt die Lähmung an dem Arm auf, an dem die Impfung vorgenommen wurde" („Poliomyelitis als Folge bestimmter Impfungen", F. Verliac, P. Gehmann, *Medecine Praticienne,* 1973).

## Wechselwirkung von Medikamenten

Manchmal tritt eine gegenteilige Reaktion auf die Impfung ein, wenn der Impfling gleichzeitig ein Medikament einnimmt. So kann z. B. der Grippeimpfstoff vorübergehend den Theophyllinstoffwechsel senken, so daß die Konzentration im Blut ein toxisches Stadium erreicht.

Impfstoffe können auch vorübergehend den Stoffwechsel anderer Medikamente in der Leber einschließlich der zu schluckenden Antikoagulantien herabsetzen.

In einem Bericht über die Wirkung des BCG, die an 12 Frauen untersucht wurde, kommt zum Ausdruck, daß diese Impfung ebenfalls die Kapazität der Leber, Theophyllin auszuscheiden, schwächen kann *(International pharmaceutical abstracts,* Washington, Oktober 1984).

„Es wurde bewiesen, daß der inaktivierte Polioimpfstoff eine schädigende Wirkung auf die Komponente des Keuchhustenimpfstoffes ausüben kann. Die im Polioimpfstoff enthaltenen Proteasen wirken auf den Keuchhustenimpfstoff, so daß von einer vorherigen Mischung der beiden Produkte abzuraten ist" *(Lyon medical,* 15. Mai 1981).

Die Autoren raten, Zwei-Kammern-Spritzen zu verwenden und zusätzlich die Injektionen an mehreren Stellen des Körpers vorzunehmen ...

Der Impfstoff gegen Röteln kann, verbunden mit Tuberkulin und eventuell mit BCG, ein Nichtreagieren auf die Antigene bewirken. Auch kann die Choleraimpfung eine depressive Wirkung auf die Gelbfieberimmunität ausüben.

Chromosomenanomalien, die nach einer Rötelnimpfung bei einer Frau festgestellt wurden, die nach der Impfung 10 Tage mit Indomethazin und 12 Tage mit Furosemid gegen Krampfadern behandelt wurde, waren Gegenstand einer veröffentlichten Untersuchung im Jahre 1976.

## Atypische Formen der Krankheit

Sie treten nach allen Impfungen auf. Wir kennen die polioähnlichen Krankheiten, die sich von Polio nur dadurch unterschieden, daß sie durch das Impfvirus hervorgerufen wurden, und die, da sie im allgemeinen keinen akuten Verlauf nahmen, nicht in den Statistiken auftauchten.

Wir kennen die immer wieder auftretenden Keuchhustenanfälle bei geimpften Kindern, die ihre Umgebung anstecken können.

Dasselbe Phänomen tritt bei Röteln, Masern – und was viel schlimmer ist – bei Tuberkulose nach Impfungen mit BCG auf (Entzündung der Knochengewebe, Tuberkulose der Eierstöcke, Ekzem, Rheumatismus, große Müdigkeit, Depression etc.).

Diese versteckte Form der durch Impfungen hervorgerufenen Krankheiten zieht nicht gerade oft die Aufmerksamkeit der behandelnden Ärzte auf sich, und so können diese nur schwer eine Diagnose stellen. Diejenigen, die den schrecklichen Folgen der Impfungen Aufmerksamkeit schenkten, sind Ärzte, die den Kranken als Ganzes betrachten und die dem „Umfeld" eine große Bedeutung beimessen. In erster Linie waren es Homöopathen, die eine Verbesserung der Gesundheit ihrer Patienten feststellen konnten, wenn sie einen verdünnten Impfstoff (Nosode) gemäß dem Simileprinzip verabreichten. Es handelt sich hierbei um eine völlig andere Auffassung als bei der klassischen Medizin, aber leider denken gegenwärtig nicht einmal die Homöopathen immer an die Rolle, die Impfstoffe in der Pathogenese spielen.

## Impfungen können Kontaktpersonen gefährden

Der Geimpfte ist nicht der einzige, dem die Impfung schaden kann, insbesondere wenn es sich um einen Impfstoff mit lebenden Viren handelt.

Der Geimpfte ist Keimträger, und so kann er seine Umgebung anstecken. Fälle einer Vaccina generalisata bei bereits ekzemkranken Kontaktpersonen von Pockengeimpften sind seit langem bekannt; die Weltgesundheitsorganisation (WHO) hat noch einmal auf diese Gefahr hingewiesen, als eine junge Frau von ihrem Verlobten, einem Soldaten, angesteckt wurde, der gerade gegen Pocken geimpft worden war.

In der Öffentlichkeit sind Fälle von Polio bei jungen Müttern, deren Kinder mit dem lebenden Polioimpfstoff (Schluckimpfung) geimpft wurden, durchaus bekannt.

„Von 1969 bis 1976 wurden in den USA 34 Fälle von Kinderlähmung bei Personen gemeldet, die nach der Impfung zur unmittelbaren Umgebung der Geimpften gehörten: 29 Fälle betrafen Eltern im Alter von 20 bis 40 Jahren, die direkten Kontakt zu ihren geimpften Kindern hatten" *(Médecine et Hygiène,* 21. Juni 1978).

Eine von der WHO in acht Ländern durchgeführte Untersuchung in den Jahren 1970 bis 1974 ergab, daß von 360

Poliomyelitisfallen 205 mit einer Impfung verbunden waren. 61 dieser Fälle waren Geimpfte, und 144 betrafen Kontaktpersonen der Geimpften.

**Störung des „Terrains" bei Geimpften**

Impfstreß kann Krankheiten auslösen: „Eine Impfung kann durch den von ihr ausgelösten Streß Krankheiten hervorrufen. Pockenimpfungen oder insbesondere Keuchhusten- oder Diphtherieimpfungen können Poliomyelitis bei Personen auslösen, die gesunde Träger des Poliovirus sind. Bei der Hälfte der Fälle tritt die Lähmung an dem Arm auf, an dem die Impfung vorgenommen wurde" („Poliomyelitis als Folge bestimmter Impfungen", F. Verliac, P. Gehmann, *Medecine Praticienne,* 1973).

Die im März 1987 veröffentlichte Untersuchung von Dr. Redfield und seinem Forscherteam berichtet vom Fall eines Rekruten, der eine Vaccina generalisata sowie AIDS bekommen hatte, nachdem er bei seiner Einziehung zum Militär gegen Pocken geimpft worden war.

„Dieser Fall zeigt, daß eine Erstimpfung gegen Pocken bei gesunden Trägern des AIDS-Virus das Risiko einer durch den Impfstoff hervorgerufenen Krankheit bergen kann und daß Mehrfachimpfungen die Entwicklung von AIDS beschleunigen können" *(New England Journal of Mediane,* 12. März 1987).

„Jede Impfung kann durch die von ihr angeregten Immunprozesse, durch die Allgemeinreaktionen, die sie bewirkt, und aufgrund der sensibilisierenden Produkte, die durch sie in den Organismus gelangen, einen präexistenten pathologischen Zustand noch verschlimmern. Wir sollten nicht die unvorsichtigen Impfungen vergessen, die im Schrecken über die Pockenepidemie im Jahre 1956 an Leukämie-, Hodgkin- und Krebskranken ganz plötzlich vorgenommen wurden und deren Hämopathie oder Krebs daraufhin verstärkt durchbrach" (La *semaine des Hôpitaux,* 26. Oktober 1971).

Die schädlichen Auswirkungen der Impfungen kommen in einer versteckten Verschlechterung des Gesundheitszustands des Geimpften zum Ausdruck sowie in einer Störung des körperlichen Haushalts, die durch die wiederholte Stimulierung des Immunsystems hervorgerufen wird, doch vor allem auch durch die Einführung von Proteinen, die dem genetischen Code des Organismus fremd sind.

Die Verantwortlichen des Gesundheitssystems sind jedoch keineswegs bereit, diesem Aspekt des Problems auch nur den geringsten Glauben zu schenken.

Bei den Kinderimpfungen in Afrika werden die verschiedenen Impfungen an mehreren Körperstellen vorgenommen, um zu vermeiden, daß eine Wechselwirkung entsteht, wie dies z. B. der Fall ist, wenn der Impfstoff gegen Keuchhusten gleichzeitig mit dem Polioimpfstoff gespritzt wird.

Es wurde jedoch festgestellt, daß unerwünschte Reaktionen auftreten, wenn mehr als fünf Antigene injiziert werden, und zwar insbesondere bei Virusimpfstoffen (noch werden nur die sichtbaren direkten Reaktionen berücksichtigt).

Einer in den *Biotechnical News* am 10. Dezember 1986 erschienenen Untersuchung zufolge können sich schwache oder avirulente Viren bei einer Person *verbinden* und eine *neue aktive und tödliche Form des Virus* bilden. Dieses an Mäusen mit dem Herpesvirus durchgeführte Experiment ermöglichte es *zum ersten Mal,* den Beweis zu erbringen, daß *zwei nicht virulente Viren,* die bei einer Impfung gemischt werden, durch Wechselwirkung im Organismus eines Tieres eine *tödliche Krankheit erzeugen können!* **(Siehe Bemerkung S. 41)**

Eine Impfung ist keine harmlose Sache.

> „Ein geimpftes Kind ist ein kontaminiertes Kind. Es kann ein krankes Kind werden. Deshalb ist jede Impfung ein Abenteuer. Das Schweigen der Kliniken, das auf eine Impfung folgt, kann eine allgemeine biologische Unruhe verheimlichen, deren pathologische Resonanz erst später und manchmal zu spät zu hören ist“ (Dr. Kalmar, *Vaccins en question).*

„Ein Kind kann in einem guten Gesundheitszustand sein, und doch kann eine rezente oder alte, eine versteckte oder sichtbare, oft sogar unauffällige Störung seines neurovegetativen oder hormonalen Systems zu Schäden unterschiedlicher Schwere führen" (Dr. Kalmar, *Vaccins en question).*

Im Dezember 1985 hieß es in einem Bericht der *Harper's Queen:*

„Die Tatsache, daß das Immunsystem durch Impfungen stark *geschwächt* wird, wurde in einer Untersuchung eindeutig bewiesen, die durchgeführt wurde, um die Wirkungen von Zweitimpfungen gegen Tetanus anhand der Anzahl der T-Helfer- und Suppressorzellen festzustellen."

(Diese Arbeit ist von großer Bedeutung, denn sie ermöglicht es, festzustellen, ob das Immunsystem gut oder schlecht funktioniert, und demzufolge, ob jemand gegen Infektionen oder degenerative Krankheiten immun ist.)

Wissenschaftler stellten nach Impfungen eine momentane leichte Verringerung der Funktion dieser Zellen fest. Die stärkste Verringerung ist zwischen dem 3. und 14. Tag festzustellen. Der Bericht zeigt auch auf, daß die Abnahme der T-Lymphozyten charakteristisch für AIDS ist. **Damit ergibt sich die Frage, ob nicht ein AIDS-ähnlicher Zustand geschaffen wird, wenn Kinder geimpft werden, und zwar vor allem zu Beginn ihres Lebens, wenn sich das Immunsystem gerade erst zu entwickeln beginnt. Wenn dies wirklich der Fall ist, welche Konsequenzen ergeben sich dann für die Zukunft?**

Alle Gefahren, die wir hier angeführt haben, sind Ärzten und Verantwortlichen des Gesundheitswesens größtenteils völlig unbekannt. Sie lassen uns verstehen, daß die Reaktionen auf Impfungen sehr unterschiedlich sind und daß sie den verschiedenen Faktoren entsprechend variieren, so daß es unmöglich ist, sie im Moment der Impfung einzuschätzen.

Wir sollten nicht vergessen, daß es zwar möglich ist, bei der Behandlung eines Kranken ein kalkuliertes Risiko einzugehen, daß es jedoch völlig unzulässig ist, ein „unabwägbares und unvorhersehbares“ Risiko bei einem Kind einzugehen, das sich in einem guten Gesundheitszustand befindet, wie es ein Richter des Verwaltungsgerichts in Lyon während eines Prozesses ausdrückte.

Systematische Impfungen und insbesondere Pflichtimpfungen sind vom ethischen Standpunkt weder medizinisch noch wissenschaftlich, noch menschlich vertretbar.

**Bemerkung zu Seite 39**

Dieses Ergebnis aus Tierversuchen macht die gleichzeitige Gabe oder Mischung von Impfstoffen zu einer strafbaren Handlung, **wenn man den Tierversuch als für Menschen gültig ansieht.** Anders ausgedrückt: Die Verantwortlichen und Propagierer des Tierversuchs glauben selbst nicht an ihn bzw. sie manipulieren damit nach Belieben.

1 *Wohin führen uns Virusimpfungen?* S. Delarue

2 Siehe Seite 84.

3 *Chemotherapie-Telegramm,* Berlin, April 1984

4 *Für Deutschland vgl. Anhang S. 143 ff.*

2. Kapitel

# Neurologische Schäden

Neurologische Schäden und insbesondere Enzephalitis infolge von Pockenimpfungen sind bekannt; bisher konnte jedoch das Risiko nicht richtig eingeschätzt werden.

In Frankreich sind zumindest die neurologischen Schäden aufgrund von Keuchhusten- und Rötelnimpfungen nur wenig bekannt. *Le Généraliste* vom 26. Februar 1977 berichtete zu diesem Thema:

> „Die tatsächliche Häufigkeit der Schäden aufgrund dieser Impfung ist nicht bekannt. Das Verhältnis zwischen Schäden und Impfung wird sehr unterschiedlich eingeschätzt: 1 auf 4000 bis 1 auf 10000. Es kann angenommen werden, daß die Keuchhustenimpfung genauso gefährlich ist wie die Pockenimpfung. Neurologische Schäden können bei Kindern auftreten, die augenscheinlich bei guter Gesundheit sind, doch vor allem betreffen sie Personen, die im Laufe ihrer Krankheitsgeschichte schon an Konvulsionen oder an nichtfortschreitender Enzephalitis gelitten haben."

Als 1979 die schweizerische medizinische Zeitschrift *Médecine et Hygiène* über einen Kongreß von Keuchhustenimpfspezialisten schrieb, konnte nicht viel Neues berichtet werden:

> „Die üblichen Nebenwirkungen von Impfungen sind Fieber, heftige Hustenanfälle, leichte Schockzustände und lokale Hautreaktionen. Die schweren und selteneren Nebenwirkungen sind Konvulsionen und bleibende geistige Schäden, die ein geistiges Zurückbleiben zur Folge haben. Die Häufigkeit der verschiedenen Nebenwirkungen ist umstritten."

Weitaus optimistischer ist der *Daily Telegraph* vom 10. Mai 1978: er schätzt die schweren Folgen auf 1 zu 100000. Dr. Steiman, Neurologe an der Universität Stanford, schätzt die schweren geistigen Schäden auf 1 zu 50000, d. h. auf das Doppelte.

*The Lancet* liegt mit seinen Schätzungen von 1 zu 30000 wahrscheinlich richtiger!

Dabei handelt es sich hier ausschließlich um schwere Schädigungen des Gehirns.

In Schweden wird die Impfung im Vergleich zur Krankheit selbst als zu gefährlich angesehen, das Risiko einer neurologischen Komplikation wird auf l zu 3500, das des Todes auf l zu 54000 und das einer schweren Enzephalitis auf l zu 20000 geschätzt.

„Von 1959 bis 1965 wurden in Schweden bei 167 gegen Keuchhusten geimpften Kindern schwere neurologische Schäden festgestellt.

Unter diesen 167 Fällen befanden sich 3 schwere Fälle von Enzephalitis, 80 Fälle von Konvulsionen, 4 Fälle von Hyperarrhythmie, 54 Fälle von Schockzuständen, 24 Fälle von Weinkrämpfen und 2 Fälle von Hirnhautentzündungen. Bei 9 Fällen von Konvulsionen wurden ebenfalls 3 schwere Hirnhautentzündungen festgestellt.

Neurologische Schäden infolge von Impfungen traten in einem Verhältnis von l zu 3500 auf.

Damals waren 16,4% nicht geimpft. Mehr als die Hälfte dieses Prozentsatzes betraf Fälle, in denen die Eltern eine Impfung abgelehnt hatten. Neben den rein immunologischen Reaktionen wurden außerdem Erytheme, Exantheme, Ödeme sowie grastrointestinale Beschwerden festgestellt.

In dieser Untersuchung wird die Notwendigkeit, die obengenannten Informationen über die Nebenwirkungen von Impfungen der Öffentlichkeit zu unterbreiten, besonders hervorgehoben.

Man könnte fast annehmen, daß in Schweden die Zahl der Personen, die nach Keuchhustenimpfungen an Nebenwirkungen litten, im Vergleich zu anderen Ländern anormal hoch ist. Dazu ist zu sagen, daß das schwedische Überwachungssystem für Nebenwirkungen von Impfungen auf der Welt einmalig ist“ *(Brit. Med. J., 2* (320), 1967).

1984 hatte das Kontrollzentrum von Atlanta empfohlen, Kinder, die in ihrer Krankheitsgeschichte bereits an Konvulsionen gelitten haben, vorläufig nicht gegen Diphtherie und Tetanus zu impfen.

„Obwohl die Untersuchungen, die wir hier aufgeführt haben, Unbestimmtheiten enthalten, können bei Säuglingen und Kleinkindern, die bereits an Konvulsionen (fieberhaft oder nicht) gelitten haben, nach

Keuchhustenimpfungen Anfälle auftreten.

Keuchhusten ist eine seltene Krankheit. Deshalb sollten diese Kinder so lange nicht geimpft werden, bis festgestellt wurde, ob sie an neurologischen Störungen leiden oder nicht. Wenn derartige Störungen tatsächlich bestätigt werden, sollten sie nur gegen Diphtherie und Tetanus geimpft werden."

Gerade weil das Risiko eines neurologischen Schadens aufgrund einer Impfung größer ist als das Risiko des Todes oder das eines enzephalitischen Schadens durch Keuchhusten, raten schwedische und deutsche Ärzte von dieser Impfung ab.

Professor Gordon Stewart tritt in Veröffentlichungen und Mitteilungen verstärkt dafür ein, daß Säuglinge in England nicht mehr gegen Keuchhusten geimpft werden.

Da die Risiken bekannt und gefürchtet sind, wird von dieser Impfung bei Kindern abgeraten, die neurologische Schäden aufweisen, oder selbst bei Kindern, deren Familienmitglieder an epileptischen Anfällen oder an schweren chronischen Krankheiten leiden" (G. *M. de France,* 3. Nov 1973).

In den USA, in England, Deutschland, Japan, Schweden und Kanada haben sich die Opfer von Impfschäden zusammengeschlossen. Sie verlangen Schadensersatz und Aufgabe der Impfungen.

In den USA waren die Schadensersatzforderungen so hoch, daß das größte Laboratorium, das Impfstoffe herstellt, bereits mehrere Milliarden Dollar an die Opfer zahlen mußte, während die laufenden 100 Prozesse einer Summe von 2 Milliarden Dollar entsprechen, was die Schließung dieses Laboratoriums bedeuten könnte.

Von den 2606 Klagen auf Schadensersatz beim Londoner Gerichtshof, bei denen es sich um neurologische Schäden infolge von Impfungen handelte, konnten 2090 Fälle auf den Keuchhustenimpfstoff zurückgeführt werden, weil er entweder allein verabreicht worden war (189 Fälle) oder weil er in Verbindung mit anderen Impfstoffen injiziert worden war.

Hervorzuheben ist, daß die Opfer Schädigungen erlitten haben, die einer Invalidität von mindestens 80% entsprechen. Dies läßt die Vermutung zu, daß zusätzlich eine beträchtliche Zahl weniger schwere Schäden erlitten hat.

| Tripel | Tripel und Polio | Tripel und Pocken | Tripel Röteln | Tripel Pocken Röteln | Tripel Polio Pocken | Tripel Röteln Pocken | Tripel Polio Röteln Pocken |
|---|---|---|---|---|---|---|---|
| 981 | 734 | 19 | 5 | 8 | 10 | 1 | 2 |

| Keuch-husten | Keuch-husten und Pocken | Keuch-husten und Polio | Keuch-husten Diphtherie | Keuch-husten Diphtherie und Polio | Keuch-husten Röteln Tetanus und Diphtherie |
|---|---|---|---|---|---|
| 198 | 2 | 5 | 13 | 79 | 4 |

| Keuch-husten Röteln und Pocken | Keuch-husten Diphtherie Pocken und Röteln | Keuch-husten Polio und Tetanus | Keuch-husten Diphtherie und Masern | Keuch-husten Polio Diphtherie und Röteln | Alle an-geführten Krank-heiten |
|---|---|---|---|---|---|
| 1 | 4 | 2 | 1 | 2 | 19 |

**Es verbleiben 522 Kinder, die neurologische Schäden aufgrund von anderen Impfungen erlitten:**

| Diphtherie | Polio | Polio Pocken | Polio Tetanus | BCG | Röteln |
|---|---|---|---|---|---|
| 39 | 129 | 3 | 1 | 26 | 89 |

| Masern | Tetanus | Pocken | Diphtherie Tetanus und Polio | Diphtherie Tetanus und Masern |
|---|---|---|---|---|
| 12 | 1 | 190 | 22 | 10 |

Auf Veranlassung des britischen Gesundheitsministeriums wurde ein nationales Komitee für die Untersuchung von Enzephalopathie bei Kindern geschaffen, um festzustellen, ob die Impfung gegen Keuchhusten schwere Nervenreaktionen bewirken kann, die bei Kindern Großhirnschäden auslösen können. Die Ergebnisse zeigen, daß die überwiegende Mehrheit der untersuchten schweren Nervenschäden nicht mit einer der kurz vorher verabreichten Impfung – innerhalb von 28 Tagen – zusammenhingen, sondern daß sie anderen Gründen zugeschrieben werden mußten.

Es wurde außerdem ein statistisch relevantes Verhältnis zwischen dem Beginn von Nervenstörungen aller Art, die in den Berichten erfaßt wurden, und der DTK-Impfung innerhalb von sieben Tagen und der Masernimpfung innerhalb von sieben bis vierzehn Tagen festgestellt.

Wenn DTK-Impfung im Spiel war, waren die Reaktionen in den ersten 72 Stunden nach der Injektion häufiger, sie traten in Form von schweren Konvulsionen oder Enzephalitis auf. Bei den entsprechenden Analysen für DTK liegen die Zahlen für die Immunisierung mit bis zu sieben Tagen vor Auftreten des Schadens etwas höher, jedoch konnte ein Risiko in Höhe von 5% statistisch nicht belegt werden.

In Anbetracht der vorliegenden Beweise hat die Kommission die Schlußfolgerung gezogen, daß der DTK-Impfstoff wahrscheinlich der Grund für die schweren Nervenschäden ist; das gleiche gilt auch für den Masernimpfstoff. Jedoch handelt es sich in beiden Fällen um relativ selten auftretende Erscheinungen, und es gibt offensichtlich nur wenige Kinder, die ständige Schäden durch diese Impfstoffe erlitten haben. Diese Schlußfolgerung der Kommission beruht auf der Einschätzung des relativen Risikos sowie auf der Tatsache, daß im Laufe der dreijährigen Untersuchung nationalen Ausmaßes nur sehr wenige der beobachteten Kinder Schäden erlitten.

Wesentlich schwieriger ist es, das wirkliche Ausmaß des Risikos oder das zuzuordnende Risiko für jedes einzelne Kind einzuschätzen.

Reicht die Liste der als Kriterien erfaßten klinischen Symptome aus, um alle schweren Nervenkrankheiten zu erfassen, die durch eine Immunisierung entstehen können? Und wenn ein Fall erfaßt wird, kann die Art der Analyse dann mit Sicherheit zu der Feststellung führen, daß es sich um einen Impfschaden handelt? Die Liste der Symptome wurde nach ausführlichen Diskussionen mit Kinderärzten und Neurologen aufgestellt, die auf dieses Gebiet spezialisiert sind. Erfaßt wurden alle schweren Nervenschäden, die möglicherweise von dem Impfstoff ausgelöst wurden, sowie langzeitige fieberhafte Konvulsionen, komplizierte Konvulsionen im Koma oder bei neurologischen Schäden.

Da die Aufgabe des Komitees ausschließlich in der Untersuchung der Frage bestand, ob die Immunisierung gegen Keuchhusten schwere Nervenschäden bewirken könne, **wurden weniger schwere Fälle wie lokale Reaktionen und kurzfristige Konvulsionen bei dieser Untersuchung nicht berücksichtigt.**

Die Analyse der klinischen Anzeichen hat bisher kein charakteristisches Syndrom ergeben, das mit einer Impfung gegen Keuchhusten und Röteln in Verbindung gebracht werden könnte, auch konnte kein Unterschied zu den sichtbaren Symptomen bei den Kindern festgestellt werden, die dieselben Schäden, unabhängig von einer Impfung, erlitten hatten.

Hinsichtlich der Frist zwischen der Immunisierung und dem Auftreten von Nervenstörungen haben die Untersuchungsergebnisse des Komitees eine wichtige und statistisch bedeutsame Anzahl von Kindern aufgezeigt, die zuvor teils gegen DTK, teils gegen Röteln geimpft worden waren, und von solchen, die als Vergleichsgruppe dienten.

**Bei der DTK-Impfung ist das mit der Immunisierung verbundene zusätzliche Risiko 7 Tage lang gleichbleibend, und es erreicht dann, etwa 72 Stunden vor Einsetzen der Störungen, seinen Höhepunkt. Bei dem Rötelnimpfstoff beläuft sich diese Frist auf 7 bis 14 Tage.**

Die Möglichkeit eines Zusammenhangs zwischen Ursache und Wirkung bei Keuchhusten- oder Rötelnimpfstoffen und der Entwicklung schwerer neurologischer Schäden erscheint biologisch gesehen plausibel. Mehrere Mechanismen können im Fall einer Keuchhustenimpfung in Gang gesetzt werden. Hierzu gehören eine unmittelbare neurotoxische Wirkung, eine sofortige Reaktion humoraler Art des Immunsystems sowie eine verzögerte Reaktion zellulärer Überempfindlichkeit.

Es wird auch angenommen, daß der Impfstoff eine latente neurotrope Vireninfektion verursachen kann.

Der Rötelnimpfstoff kann die Ursache schwerer neurologischer Folgeerscheinungen sein, die einem Mechanismus ähneln, der einer Enzephalitis nach Infektionen zugrunde liegt, wie es z. B. nach Röteln der Fall sein kann. Es wird angenommen, daß die Reaktion durch eine verzögerte Überempfindlichkeit und nicht durch einen direkten Angriff des Virus auf die zerebralen Zellen ausgelöst wird.

Das Komitee schloß seine lange Untersuchung mit folgenden bezeichnenden Sätzen ab: „Von 35 dem DTK-Impfstoff zugeschriebenen Fällen galten 32 vor ihrer Krankheit als normal, und 21 wurden völlig geheilt. Nur in 9 Fällen kann keine andere Erklärung für die Symptome gefunden werden.

Im Vergleich zur Kontrollgruppe konnte kein statistisch bedeutsamer Zusammenhang mit der DT-Impfung beobachtet werden. Von 20 Fällen (mit neurologischen Schäden), die innerhalb von 7 Tagen vor Auftreten der Symptome mit dem

DT-Impfstoff immunisiert wurden, waren 16 vorher normal. Von diesen 16 Fällen wurden 9 wieder völlig geheilt, während für 4 der verbleibenden 7 keine andere Erklärung für ihren Zustand gefunden werden konnte."

Bemerkenswert sind die Formulierungen „statistisch nicht bedeutsam" und „Es konnte keine andere Erklärung gefunden werden", die die Bedeutung dieser Fälle minimieren und die zu verstehen geben, daß nur die Fälle, die nicht geheilt wurden und die zuvor als völlig normal galten, in Betracht gezogen wurden.

Wenn andere Erklärungen oder Risikofaktoren bestehen, so werden ohne weiteres diese anderen Faktoren und nicht die Impfung selbst als Auslöser angesehen. Diese Folgerung wird in dem Kapitel offenkundig, das die Kommission der eventuellen Kritik widmet, die an ihrer Untersuchung gemacht werden könnte.

12 Zeilen sind dort der Aufzählung von Faktoren gewidmet, die eine Übertreibung der Schadenszahlen im Vergleich zur Wirklichkeit beschreiben, und *1$^1/_2$* Zeilen schließen eine Untertreibung dieser Zahlen von vorneherein aus:

„Der gegenteilige Fall, dem zufolge gewisse Impfschäden nicht erfaßt wurden, ist sehr unwahrscheinlich."

Die Ergebnisse dieser Untersuchung bestätigen nicht die Existenz eines spezifischen Syndroms als Reaktion auf eine Impfung, d. h., es gibt keine Reaktion, die für den Impfschock charakteristisch ist. Bei den 35 Kindern, die innerhalb von 7 Tagen nach der Immunisierung an schweren neurologischen Schäden litten, wurden die unterschiedlichsten klinischen Diagnosen gestellt.

Professor Gordon T. Stewart hat die Hypothese eines Reaktionssyndroms infolge von Impfungen aufgestellt. Im Jahre 1977 hat er eine Reihe von klinischen Symptomen zusammengestellt, die für dieses Syndrom charakteristisch sind: „Wein- und Schreikrämpfe, Reizbarkeit und Erbrechen in leichten Fällen; Konvulsionen, Abgestumpftheit und Schockzustand in mittelschweren Fällen; schwere Konvulsionen, Lähmungen, amentielles Syndrom[1] in schweren Fällen."

Seine Anmerkungen zur Veröffentlichung der Untersuchungen des nationalen Komitees sind interessant:

> „Um zu diesem Urteil zu gelangen, haben Ärzte in den Archiven von Krankenhäusern nach Fällen von Kindern gesucht, die Krisen erlitten haben, die auf eine Schädigung des Gehirns hinweisen. Dann haben sie versucht herauszufinden, ob diese Krisen unmittelbar nach Impfungen aufgetreten sind.
>
> Die Beurteilung des Risikos ist jedoch deshalb unvollständig, weil die Ärzte nur jene Fälle berücksichtigt haben, in denen die Krisen länger als eine halbe Stunde dauerten; manche Kinder haben jedoch Gehirnschäden nach Krisen, die keine halbe Stunde dauern, und diese Fälle wurden nicht berücksichtigt. Auch wurden jene Kinder nicht berücksichtigt, die zwar Gehirnschäden erlitten haben, aber nicht im Krankenhaus waren – ungefähr 20% aller gehirngeschädigten Kinder könnten dieser Kategorie angehören.
>
> Bei einer anderen Methode zur Berechnung des Risikos von bleibenden Gehirnschäden infolge von Keuchhustenimpfungen wurde die Relation 1 Kind auf 50000 Geimpfte ermittelt. Diese Ergebnisse sind noch ungenauer, aber mangels zuverlässigerer Zahlen müssen auch sie in Betracht gezogen werden.
>
> Es gibt noch andere nicht zu berechnende Faktoren: einige Kinder können unter weniger starken Gehirnschädigungen leiden, so daß sie zu diesem bestimmten Zeitpunkt nicht ermittelt werden. Diese Schädigungen können später jedoch in Form eines Lernrückstandes oder in Form von kleineren motorischen Störungen auftreten. Diese Fälle sind so schwer festzustellen, daß sie nicht in die Berechnung des Risikos einbezogen werden können."

Dr. Arbeltier, ehemaliger Vizepräsident der Nationalen Liga für Impffreiheit in Frankreich und Chefarzt des Krankenhauses in Coulommier, äußerte – wie bereits erwähnt – die Meinung, daß man sich nur mit den „zerbrochenen Eiern" befasse, d. h. mit unheilbar Geschädigten, und daß sich niemand um die

„Knickeier" kümmere, d.h. um die Kinder, die nach der Impfung Fieberschübe und Konvulsionen erlitten.

> „Das ist die Reaktion auf die Impfung", sagte man in solchen Fällen. „Warum kam niemand darauf, daß auch sie an Enzephalitisanfällen litten und daß sie mehr oder weniger ausgeprägte Spätschäden davontragen würden, die dann einer Veranlagung oder irgendeinem anderen Grund zugeschrieben würden ... aber niemals den im Namen des Gesetzes verabreichten Impfungen?"

Dieselben Äußerungen bringt Dr. Kalmar zum Ausdruck:

> „Charakterschäden treten sehr oft in den Wochen und Monaten nach der Pockenimpfung von einjährigen und elfjährigen Kindern auf.
>
> Zunächst sieht es so aus, als seien durch die Pockenimpfung Mikroschäden entstanden. Diese Mikroschäden sind zum Zeitpunkt der Impfung nicht spektakulär und werden deshalb für unbedenklich gehalten. Insgeheim entwickeln sich aber im Inneren dysfunktionelle Mechanismen, die später in bleibenden Charakterschäden zum Ausdruck kommen.
>
> Es kann mit Bestimmtheit gesagt werden, daß Impfungen aufgrund der Charakterschäden, die sie bewirken, über das Individuum hinausgehen. Da Impfungen in Form von Massenimpfungen durchgeführt werden, manifestieren sich die Schäden, die sie verursachen, ebenfalls auf dieser Ebene, und so betreffen die Ergebnisse letzten Endes nicht nur das Individuum, sondern auch die Allgemeinheit."

Als Professor Delore vor der Gefahr warnte, neue Pathologien der geimpften Generationen zu schaffen, sprach er nur eine Gefahr an, und zwar möglicherweise die harmloseste. Denn **„durch Impfungen werden ganzen Generationen charakterliche Veränderungen induziert; geändert werden die Konzentrations- und Kritikfähigkeit, während gleichzeitig Erregbarkeit und Ängstlichkeit verstärkt werden. Damit wird das Verhalten beeinflußt, und es entstehen amorphe,**

**atone Menschen, die sich für kaum etwas interes[sieren], die ängstlich und in sich verschlossen sind, weil s[ie den] verschiedensten Ängsten ausgesetzt sind.**

Sicherlich kommen noch andere Faktoren hinzu, [aber die] Impfungen sind zweifellos in großem Maße an der Strukturierung des Charakters und des Verhaltens der Massen beteiligt."

Dr. J. Kalmar, Impfungen und Charakterschäden, *S. L. V,* Oktober 1967

## Den Beweis bringt das Elektroenzephalogramm

„Die Arbeiten Radtkes zeigen uns, daß unsere Annahmen begründet sind. In ‚Ergebnisse des Elektroenzephalogramms gesunder Kinder nach ihrer ersten *Impfung' (Revue mensuelle depediatrie,* Nr. 109, S. 12, 1960) untersuchte Radtke das Elektroenzephalogramm von 58 gesunden Kindern, die ihre erste Impfung erhalten hatten.

Am Tag der Untersuchung hatten nur 34 Kinder ein unverändertes Enzephalogramm. Bei 24 Kindern wies es dagegen Veränderungen auf. Selbst wenn diese Veränderungen noch nicht als krankhaft bezeichnet werden können, zeigt diese Arbeit, daß das Gehirn von Kindern sehr häufig auf eine Impfung reagiert."

Dr. Buchwald, *Die Medizinische Welt,* 1965

„Es wurde beobachtet, daß nach Polioimpfungen das Elektroenzephalogramm bei 40 bis 50% der Geimpften Anomalien aufwies."

Gian-Franco Marchesi, Angelo Quattrini, *Riv. Nevrol,* 1976

[1] Schwachsinn

3. Kapitel

# Die Bedeutung von Impfungen bei der Übertragung und dem Ausbruch von AIDS

In der Ausgabe vom 11. Mai bestätigt die englische Tageszeitung *„The Times"*, daß die AIDS-Epidemie in den afrikanischen Ländern die Folge der allgemeinen Pockenimpfkampagnen ist, die die Weltgesundheitsorganisation (WHO) in den Jahren 1970–1980 in diesen Ländern durchgeführt hat.

> „Einige Fachleute befürchten, daß die Bekämpfung einer Krankheit den Ausbruch einer anderen Krankheit bewirkt hat und daß es so zu der gegenwärtigen Pandemie kam, die bislang in der Dritten Welt eine ständige Krankheit von nur geringer Bedeutung war.
>
> Obwohl die Mediziner zugeben, daß das Vacciniavirus andere Viren aktivieren kann, sind sie geteilter Meinung hinsichtlich des Hauptauslösers der AIDS-Epidemie."

Ein Berater der WHO, der dieses Problem zur Sprache gebracht hat, erklärte unserer Zeitung *The Times:*

> „Bis wir die letzten Entdeckungen hinsichtlich der Reaktionen des Vacciniavirus gemacht hatten, glaubte ich, es handele sich nur um einen Zufall. Doch jetzt bin ich davon überzeugt, daß die Theorie, die die Pockenimpfung als Ursache aufzeigt, wirklich die Erklärung für die AIDS-Explosion ist.
>
> Andere Mediziner, die eine Relation zwischen den Pockenimpfkampagnen und der AIDS-Epidemie erkannt haben, erhalten damit eine Antwort auf noch ungeklärte Fragen, z. B.: Wie war es möglich, daß ein Virus, das bisher als schwach, langsam und anfällig galt, sich plötzlich so aggressiv verhalten konnte?
>
> Die Theorie, die AIDS und Pockenimpfungen miteinander in Verbindung setzt, trifft auf alle sieben mittelafrikanischen Länder zu, die die meisten AIDS-Fälle zählen. Sie erklärt auch, warum Brasilien das in Lateinamerika am stärksten betroffene Land ist und warum AIDS auf dem Wege über Haiti in den USA verbreitet wurde …
>
> Die hohe Zahl der AIDS-Fälle in den USA entspricht den dort durchgeführten intensiven Impfkampagnen. Auch in Brasilien, dem einzigen Land Lateinamerikas, in dem eine Kampagne zur Bekämpfung der Pocken durchgeführt wurde, ist die Zahl der AIDS-Fälle am höchsten."

Diese Bestätigung, daß die AIDS-Epidemie die Folge von Pockenimpfungen ist – eine Tatsache, die von der WHO bestritten wird –, veranlaßt uns, die Bedeutung von Impfungen bei der Übertragung und dem Ausbruch dieser schrecklichen Krankheit AIDS genauer zu untersuchen.

Zu diesem Zwecke müssen wir uns die Hauptmerkmale dieser Krankheit und ihrer uns bisher bekannten Übertragungsweisen vergegenwärtigen.

AIDS ist eine neue Krankheit – sie scheint erst seit 1978 zu existieren –, die im Jahre 1980 in den USA ausbricht. Sie entwickelt sich mit einer unglaublichen Geschwindigkeit und betrifft heute schätzungsweise mehrere Millionen Amerikaner.

Frankreich folgt den USA auf dem Fuße, es steht mit 1200 Fällen im Dezember 1986 in Europa an erster Stelle. Die Zahl der erfaßten AIDS-Fälle in den EG-Ländern verdoppelt sich alle 9 Monate und wird sich 1990 auf 100000 belaufen, wie es die EG-Kommission angekündigt hat. Im gleichen Jahr werden demnach 5 bis 10 Millionen Europäer HIV-positiv sein.

Erst seit 1983 weiß man, daß diese Krankheit durch ein Virus verursacht wird. Beim gegenwärtigen Stand der Forschung werden drei Viren für die Erreger gehalten, aber die Forscher nehmen an, daß diese Viren nicht allein verantwortlich sind.

Nicht alle Infizierten weisen die klinischen Symptome der Krankheit auf, sie zeigen sich erst im Laufe der fünf Jahre, die der Kontaminierung folgen, und manchmal sogar noch später. Momentan fehlt uns noch der nötige Abstand, um eine beweisfähige Aussage zu machen.

Die Lebenserwartung nach Ausbrechen der Krankheit liegt etwas über drei Jahre. Das Besondere und Einmalige dieser schweren Krankheit ist, daß das AIDS-Virus unser Immunsystem schwächt und daß der Kranke somit für alle Infektionen anfällig wird und denen schließlich unweigerlich erliegt.

Was dieses Retrovirus von anderen Viren, wie z. B. dem Grippe- oder Poliovirus, grundsätzlich unterscheidet, ist, daß das HIV-Virus eine Kopie seines Genoms herstellt und daß es diese Kopie seiner viralen RNS in Form von DNA in die Chromosomen der infizierten Zellen einbringt. Diese virale genetische Information bleibt von nun an für immer in der Zelle erhalten, denn sie ist unauslöschlich.

Das nachgebildete Virus verhält sich ruhig und überträgt sich, wie die DNA normalerweise, durch Zellteilungen.

Indem es so in unsere Chromosomen eindringt, vereitelt das Virus unsere natürliche Abwehr, so daß die Antikörper, die wir herstellen, nicht mehr in der Lage sind, es zu bekämpfen. Dieser Parasitismus kann deshalb nur sehr schwer entdeckt werden, weil er zunächst keine besonderen Reaktionen des infizierten Organismus hervorruft und weil sich das Virus jahrelang ruhig verhalten kann.[1]

Hinsichtlich der Bewertung der Faktoren, die den Ausbruch der Krankheit ermöglichen, sind die Meinungen geteilt.

> „Mehrere Hypothesen müssen berücksichtigt werden:
>
> • Es ist möglich, daß latent infizierte Lymphozyten auf Veranlassung des Immunsystems aktiviert werden, um einen Eindringling zu bekämpfen, der nichts mit AIDS zu tun hat.
>
> Manche Menschen haben eine schwächere Konstitution, weil entweder ihre Abwehrkräfte geringer sind oder weil sie insbesondere bei Infektionen infolge der Einnahme von Medikamenten wie Kortikoiden, die die Immunabwehr des Organismus herabsetzen, geschwächt sind.
>
> • Die Virulenz des AIDS-Virus kann sich je nach Virus verändern, und zwar um so leichter, als es spontan mutiert.
>
> • Das AIDS-Virus allein reicht nicht aus, um die Krankheit auszulösen. Es muß noch ein äußeres Stimulans hinzukommen.
>
> • Das Virus wird erst bei Immunstimulation oder bei Immundepression aggressiv.“ [2]

Infizierte Personen, die keine alarmierenden Symptome

aufweisen und die somit nichts von ihrer Krankheit wissen, sind trotzdem ansteckend. Wie wir später noch sehen werden, wird damit eine wirksame Vorsorge illusorisch, denn die weitverbreitete Meinung, daß die Übertragung nur durch sexuelle Kontakte erfolgen kann, reduziert in gefährlichem Ausmaß die Möglichkeiten, eine blitzartige Ausbreitung der Krankheit zu unterbinden. Die Krankheit wird vor allem übertragen durch

– Blut
– Sperma
– Vaginalsekrete
– Muttermilch.

Es ist nicht ausgeschlossen, daß die Übertragung auch durch Speichel oder andere Vektoren erfolgen kann; das Virus wurde in Tränen, Nervenknoten, Zerebralgewebe, Knochenmark und Zellplasma gefunden. In Europa, wo die Krankheit noch wenig verbreitet ist, werden vor allem Blut und Blutderivate sowie sexuelle Beziehungen als Übertragungsfaktoren angesehen.

## Übertragung durch Blut, Blutprodukte und bestimmte Impfstoffe

Hinsichtlich der Übertragung durch Blut stehen Transfusionen mit Blutderivaten an erster Stelle (mehr als die Hälfte aller Bluter sind kontaminiert).

Es ist nicht zu vergessen, daß die gegen Tetanus, Keuchhusten oder Röteln eingesetzten Gammaglobuline ebenfalls Blutderivate sind. (Das italienische Gesundheitsministerium hat die kontaminierten Immunglobuline gegen Tetanus vom Markt genommen.)

Bestimmte Impfstoffe, insbesondere gegen Hepatitis B, werden auf der Grundlage von menschlichem Plasma hergestellt, und der Masernimpfstoff wird auf menschlichen fetalen Zellen kultiviert.

Erinnern wir uns an den Impfskandal des Institut Pasteur im Jahre 1981, wo Impfstoffe auf der Grundlage von importiertem Blut aus den USA hergestellt wurden, das möglicherweise kontaminiert war.[3] Uns wurde versichert, daß dies nicht der Fall sei, aber können wir das wirklich glauben? Das erste AIDS-Virus wurde erst zwei Jahre später entdeckt, während die letzten Viren erst in den allerletzten Monaten entdeckt wurden.

Seit 1985 werden Blutspender untersucht, aber die Tests betreffen nur einen der drei gegenwärtig bekannten Viren. Sind die Tests zuverlässig?

Nein, und zwar aus mehreren Gründen:

– Das Virus kann über ein Jahr vorhanden sein, ohne daß es entdeckt wird *(Euromédecine 87,* 10.–14. November).

– Es werden nicht alle Viren ermittelt.

– Die Tests können fälschlicherweise negativ ausfallen.

Der Gesundheitsminister gibt dies übrigens indirekt zu, denn in einem von dem französischen Bund für Blutspender ausgearbeiteten Dokument, das unter der Leitung des Gesundheitsministers veröffentlicht wurde, heißt es:

> „Die Tests können bei der Ermittlung all dieser Zweckbestimmungen keine absolute Sicherheit gewährleisten. Für eine wirksamere Verhütung der Übertragung von bestimmten Krankheiten und insbesondere von AIDS wird Spendern aus bestimmten sozialen Milieus, die ein erhöhtes Risiko darstellen, Virusträger dieser Krankheit zu sein, vorsichtshalber empfohlen, kein Blut mehr zu spenden."

## Übertragung durch Impfkampagnen: schlecht sterilisierte Instrumente

Neben der direkten Übertragung durch Blut oder Blutprodukte kann Blut selbst dann Träger sein, wenn es nur in geringen Mengen vorhanden ist. Dies kann bei Nadeln und Spritzen der Fall sein, und es ist unrealistisch, hier nur Drogensüchtige in Betracht zu ziehen.

Jeder Gebrauch von Spritzen und Nadeln stellt eine potentielle Gefahr dar. Dies gilt auch für Dentalinstrumente sowie für Endoskopiegeräte, deren völlige Sterilisation schwierig ist.

*Es erweist sich als immer wahrscheinlicher, daß die massiven Impfkampagnen in Ländern der Dritten Welt und insbesondere in Schwarzafrika, wo die erforderlichen Hygienemaßnahmen nicht immer beachtet werden, zur Verbreitung von AIDS gedient haben.*

*Diese Hypothese wird in der Ausgabe der Times vom 11. Mai aufgenommen, und die Proteste der WHO sind keineswegs überzeugend:*

*„Die Wahrscheinlichkeit einer Verbreitung der HIV-Infektion aufgrund von Kinderschutzimpfungen ist selbst dann gering, wenn die Sterilisationsmethoden nicht den Normen entsprechen. Tatsächlich ist die Möglichkeit der Übertragung des HIV-Virus durch Injektionen gering. Die Impfung erfordert nur eine geringe Zahl von Injektionen. Die kleinen Nadeln, die für die Impfungen verwendet werden, erlauben keinen ausreichenden Blutaustausch.“*[4]

Bereits in der Zeitschrift des Umweltschutzzentrums von Nairobi (Kenia), *Ecoforum,* wurde berichtet, daß die Choleraimpfung in den Ländern der Dritten Welt zur Verbreitung von Hepatitis beigetragen hat. Das Virus dieser Krankheit wird durch mangelhaft sterilisierte Spritzen von einer Person auf die andere übertragen.“ Wie verhält es sich mit AIDS?

Andererseits beharrt das Team von Professor Montagnier auf den Risiken einer Übertragung durch Akupunkturnadeln. Das gleiche gilt auch für Tätowierungsnadeln. In beiden Fällen handelt es sich um nur geringfügige Blutmengen.

Diese Gefahr, wie bedeutend sie auch in den Ländern der Dritten Welt sein mag, bedroht uns wahrscheinlich kaum, denn es ist zu hoffen, daß die bei uns benutzten Instrumente korrekt sterilisiert werden und daß Einwegspritzen und -nadeln verwendet werden. Aber ist das immer der Fall?

## Übertragung durch Impfviren, die mit dem AIDS-Virus kontaminiert sind

Das Team der amerikanischen AIDS-Spezialisten Professor Gallo und Professor Essex nimmt an, daß die auf Zellen der grünen Meerkatze kultivierten Medikamente und Impfstoffe für die Verbreitung des HTLV-4-Virus beim Menschen verantwortlich sind.

Wir haben uns beim französischen Gesundheitsministerium erkundigt, um zu wissen, welchen Standpunkt es angesichts dieser ernsten Hypothesen vertritt, und gefordert, die Impfpflicht im Fall von Polio auf ein Minimum zu reduzieren; mit demselben Anliegen haben wir uns auch an die Parlamentsabgeordneten gewandt.

Die beruhigende Antwort des Gesundheitsministeriums, das die Möglichkeit einer Kontaminierung ausschließt, „Es besteht gegenwärtig kein Risiko der Übertragung des HIV-Virus oder eines verwandten Virus durch den Polioimpfstoff“ beruhigt uns keineswegs. Die fundamentale Eigenschaft aller Retroviren (und damit auch die der STLV- und der HIV-Viren) ist es, in das genetische Erbgut des Wirts einzudringen und sich ruhig zu verhalten, wobei sich jedoch das nachgebildete Virus wie die DNA normalerweise durch Zellteilungen überträgt.

Aus Gründen, die den Forschern bisher noch unbekannt sind, können diese Retroviren reaktiviert werden und sich nach langen Zeiträumen – d.h. mehrere Jahre oder sogar Jahrzehnte – pathologisch manifestieren.

Doch auch hier haben wir noch nicht genug Abstand, um abzuschätzen, ob wirklich keine Gefahr besteht.

Es sei z. B. daran erinnert, daß in den 60er Jahren die Polioimpfstoffe durch ein Affenvirus, das SV40, schwer kontaminiert waren. 1980 haben Krieg und seine Mitarbeiter Fragmente des SV 40 in bestimmten Gehirntumoren bei Menschen gefunden. Dies bestätigt übrigens die Untersuchungen, die Heinonen seit 1973 über Krebs bei Kindern von über 50000

Frauen durchgeführt hat, die in den Jahren 1959/60 schwanger waren und von denen 36% im Laufe ihrer Schwangerschaft gegen Polio geimpft wurden: die Zahl der Gehirntumore war bei den Kindern der geimpften Frauen dreimal so hoch wie bei den anderen.

Wir können uns also nicht damit begnügen, daß gegenwärtig offensichtlich keine Gefahr besteht. Diese Erklärung hätte man genauso vor 25 Jahren hinsichtlich der mit dem SV40 kontaminierten Impfstoffe abgeben können.[5]

Die Geschichte aller Impfungen zeigt uns, daß zu bestimmten Zeitpunkten Impfstoffe als perfekt galten, bis dann später entdeckt wurde, daß dies doch nicht der Fall war, aber die Schäden, die in dieser Zeit entstanden, sind nie wieder gutzumachen.

Die Übertragung des oder der AIDS-Viren durch Medikamente oder Impfstoffe, die auf Zellen der grünen afrikanischen Meerkatze kultiviert wurden, wird immer plausibler. Die amerikanischen Forscher des New England Center of Southborough, Massachusetts, sind sich ganz sicher: das HTLV, das sie isoliert haben, stammt zweifelsohne von der grünen afrikanischen Meerkatze.

In einem Brief an die wissenschaftliche Zeitschrift *Nature* vom 14. Mai 1987 versichern sie nachhaltig, daß sie zahlreiche Isolate verglichen haben (Immundefizienzvirus der grünen Meerkatze im Vergleich zum menschlichen Immundefizienzvirus) und daß sich diese bemerkenswert ähneln.

## Mehrfachimpfungen bereiten AIDS den Weg

Seit ihrer Gründung im Jahre 1954 lenkt die Nationale Liga für Impffreiheit in Frankreich die Aufmerksamkeit auf die biologische Absurdität, die darin besteht, einem Organismus Zellen einzuimpfen, die seinem genetischen Code fremd sind.

Seit jeher ist die Liga besorgt über das innere ökologische

Ungleichgewicht, das durch Impfstoffe und insbesondere durch Virusimpf Stoffe verursacht wird.[6]

Die von *The Times* veröffentlichten Informationen bestätigen diese Warnrufe. Es ist tragisch, daß AIDS uns daran erinnern muß, daß man nicht ungestraft mit dem Immunsystem spielt und daß man den Gesetzen des Lebens nicht entgehen kann. Die Natur kennt keine „Moral“, sie straft nicht. Sie besteht. Unerschütterlich und unerbittlich.

Die Meinungen über die Faktoren, die es dem AIDS-Virus ermöglichen, die Krankheit zum Ausbruch zu bringen, gehen zwar auseinander, aber einige Punkte finden allgemeine Zustimmung:

• Das Virus braucht ein äußeres Stimulans (andere Virusinfektionen, ionisierende Strahlungen, chemische Produkte, Mittel, die das Immunsystem angreifen).

• Das Virus entwickelt sich bei Immundepression bzw. bei Immunstimulation.

Die Impfungen selber vereinen folgende günstige Bedingungen:

• Das Impfvirus kann auslösend wirken; das gilt auch für die Abschwächer wie B-Propryolacton, das bekanntlich Krebs erregen kann, sowie für Formaldehyd und vielleicht auch für Aluminium;

• die wiederholte Stimulierung des Immunsystems durch zahlreiche und regelmäßige Impfungen schwächt den Geimpften.

Erinnern wir uns, was bereits auf Seite 40 festgestellt wurde:

„In einer Untersuchung über die Auswirkungen von wiederholten Tetanusimpfungen auf die T-Zellen wird eindeutig bewiesen, daß das Immunsystem stark geschwächt wird. Die Forscher stellten eine momentan leicht verringerte Funktion dieser Zellen nach der Impfung fest. Der Tiefstand wurde vom 3. bis zum 14. Tag festgestellt.

Ein entsprechendes Absinken der T-Lymphozyten ist auch für AIDS charakteristisch.

Es stellt sich die Frage, ob nicht ein AIDS-ähnlicher Zustand geschaffen wird, wenn Kinder, insbesondere zu Beginn ihres Lebens, geimpft werden, wenn sich ihr Immunsystem gerade erst entwickelt. Wenn das stimmt, was bedeutet es dann für die Zukunft?" *(Harper's Queen,* Dezember 1985)

Diese These wird durch die Veröffentlichungen der *Times* bestärkt, die die Rolle der Pockenimpfung beschreibt. Die Pockenimpfung wirkt auf die T-Helferzellen, schwächt somit das Immunsystem und ermöglicht dem vorhandenen, jedoch inaktiven AIDS-Virus, sich zu reaktivieren und die Krankheit auszulösen.

Ein amerikanischer Soldat, der bei seiner Einberufung gegen mehrere Krankheiten und unter anderem gegen Pocken geimpft wurde, litt zunächst an einer Vaccina generalisata und dann an AIDS, woran er sehr bald starb.

> „Die Impfstoffe mit lebenden Viren lösen bekanntlich schwere Komplikationen aus, wenn sie Personen verabreicht werden, deren Immunfunktionen geschwächt sind." – „Dieser Fall zeigt, daß eine Pockenerstimpfung bei Trägern asymptomatischer AIDS-Viren das Risiko birgt, daß die Krankheit durch die Impfung ausgelöst wird, und daß Mehrfachimpfungen die Entwicklung von AIDS beschleunigen können." – „Es muß betont werden, daß der Patient in gutem Gesundheitszustand war, als er seinen Wehrdienst antrat und bei der Einberufung geimpft wurde." – „Es ist bekannt, daß die Aktivierung der T-Zellen die Veranlagung der T-Helferzellen zur Reproduktion des HIV-Virus in vitro stärkt (persönliche Mitteilung von Dr. Shearer). Es wurde bewiesen, daß das Absterben der T-Helferzellen, das durch das HIV-Virus verursacht wird, je nach Kapazität des Interleukins 2 variiert. **Ganz besonders beunruhigend erscheint daher die Möglichkeit, daß Mehrfachimpfungen** (die eine Aktivierung der T-Zellen und eine Erhöhung der Interleukin-2-Produktion bewirken) **das Absterben der vom HIV-Virus infizierten T-Helferzellen und damit auch die Entwicklung von AIDS beschleunigen."**[7]

In einem nach den Enthüllungen der *Times* in der Zeitung

*Le Monde* von J. Y. Nau und Franck Nouchi (23. Mai 1987) veröffentlichten Artikel werden bestimmte Impfstoffe in Frage gestellt:

„Diese bis zu den letzten Wochen mehr oder weniger verschleierten Fragen werden heute von mehreren Wissenschaftlern ganz offen gestellt." – „In Anbetracht der Risiken glaube ich", erklärte Professor Luc Montagnier (Institut Pasteur), „daß es nützlich wäre, diese Problematik – insbesondere beim Schimpansen – zu untersuchen. Es handelt sich um ein ernstes Problem, das abgeschätzt und untersucht werden muß. Vielleicht sollte man bald dazu übergehen, Kinder vor den Impfungen auf das HIV-Virus hin zu untersuchen. Dem wird man entgegenstellen, daß dies große finanzielle Probleme mit sich bringen wird, da die Vorsorgetests sehr kostspielig sind. Deshalb müssen so schnell wie möglich gute und billige Mittel gefunden werden." – „Die entstandenen Probleme könnten tatsächlich zu einer Ablehnung von Impfstoffen, wie z. B. dem BCG, der Polioschluckimpfung oder des Rötelnimpfstoffes, führen", erklärte Prof. Pierre Saliou, wissenschaftlicher Direktor der Pasteur-Impf Stoffe. – „Ein Aspekt der Untersuchung muß demnach die Entwicklung von Methoden zur schnellen Erkennung dieser Krankheit betreffen."

**Während wir darauf warten, daß schnelle und vor allem zuverlässige Tests gefunden werden,** dürfen wir nicht vergessen, daß die Tests bei Patienten fälschlicherweise negative Werte aufzeigen können, denn die Antikörper sind erst zwischen 3 Wochen und 14 Monaten nach der Infizierung nachweisbar.

Wiederum richtet sich die Besorgnis auf Afrika, wo die Krankheit in nächster Zukunft die Bevölkerung zu dezimieren droht und wo es zahllose Virusträger gibt. Aber wird in Europa und in Frankreich nicht weiterhin gegen Krankheiten geimpft, die in Anbetracht unseres Lebensstandards nicht mehr so schlimm sind, wie Röteln, oder gegen Krankheiten, die gar nicht mehr vorkommen, wie Polio, oder gegen jene, die wie Tuberkulose heilbar sind? Oder noch schlimmer, werden auch sie zu Pflicht- oder als Pflicht angesehenen Impfungen wie BCG oder Polio?

Sind wir ganz sicher, daß die Stimulierung des Immunsystems mit abgetöteten Impfstoffen (Polioimpfung) oder mit Anatoxinen (Diphtherie, Tetanus) gefahrlos ist?

Der Artikel, der in *Harper's Queen* veröffentlicht wurde, scheint das Gegenteil zu beweisen.

Angesichts einer so schrecklichen Krankheit wie AIDS sollten wir kein unnötiges Risiko eingehen, wir könnten es zu teuer bezahlen. Diese Informationen stellen das Prinzip systematischer Massenimpfungen in Frage.

Sich hinter Tests zu verschanzen gibt nur eine scheinbare Sicherheit. Ergreifen wir die Gelegenheit, die sich uns bietet, und überprüfen wir genau unser Konzept der Verhütung infektiöser Krankheiten. Befassen wir uns mit dem „Terrain" und suchen wir Methoden, die es ermöglichen, das Immunsystem zu stärken und nicht zu schwächen wie die Impfmethoden, die sich im Hinblick auf AIDS als fatal erweisen.

Es ist absolut notwendig, die wiederholten Angriffe auf das Immunsystem durch Impfungen, wie sie gegenwärtig durchgeführt werden, zu stoppen.

[1] Es ist sehr wahrscheinlich, daß das HIV-Virus nicht nur die Lymphozyten angreift, sondern daß andere infizierte Zellen existieren, die lange Zeit wahre „Reservoirs" sind. Die Aufmerksamkeit der Forscher richtet sich auf die Nerven- und Lungenzellen. (Gespräch mit Dr. G. Peries, *Journal of American Medical Association – JAMA,* 30. März 1987)

[2] Dr. Rosenbaum, Immunologe im Krankenhaus Pitié-Salpétrière, *Sciences et avenir,* Oktober 1985

[3] 67,4% der Männer, die 1978 in San Franzisko von einer speziellen Einrichtung, die sich mit sexuell übertragbaren Krankheiten befaßte, die im Rahmen von epidemiologischen Forschungen über Hepatitis B untersucht wurden, waren 1984 HIV-positiv. *(Aum Inter Med.,* 1985, 103-210-214) 4 *La Sante du Monde,* Zeitschrift der WHO, April 1987

[5] Siehe Kapitel „Impfungen als Wiege von Krebs und Leukämie", Abschnitt „Kontaminierte Impfstoffe".

[6] *Wohin führen uns Virusimpfungen?* S. Delarue

[7] Redfield et al *New England Journal of Mediane,* Bd. 316, Nr. 11,12. März 1987: „Vaccina generalisata bei einem wehrpflichtigen HIV-Virus-Träger und die Entwicklung von AIDS".

4. Kapitel

# Impfung als Wiege von Krebs und Leukämie

Schon vor über 30 Jahren schrieb Dr. B. Duperrat, Arzt am Saint-Louis-Krankenhaus, in der *Presse Medicale* vom 12. März 1955:

„Impfungen verursachen unter anderem den Ausbruch von Leukämie."

Ohne noch weiter in der Zeit zurückzugehen, sollte man sich fragen: Wie viele Kinder und wie viele Erwachsene sind auf diese Weise seitdem an Leukämie gestorben, und das, obwohl zahlreiche andere auf diese Tatsache hingewiesen haben?

„Der Organismus muß so lange wie möglich rein gehalten werden, und seine Vitalität sollte durch Physiotherapie erhalten werden. Gegenwärtig schaffen wir uns selbst unsere Krankheiten, und wir gehen dabei auf eine allgemeine Verkrebsung und auf eine Debilität infolge von Enzephalitis durch den Gebrauch von Medikamenten, Impfstoffen und durch chemotherapeutischen Mißbrauch zu."

„Krebs muß wieder so selten werden wie vor 30 Jahren, indem wir die Veränderung unseres Organismus durch den Mißbrauch solcher Mikrobentoxine wie Medikamente, Strahlen, Antibiotika und Impfstoffe stoppen."

*Wissenschaftliche Monographien: Krebsursachen und -therapien,* Prof. Dr. med. Leon Grigoraki – Professor an der medizinischen Fakultät Athen – Direktor des Forschungszentrums im Sotiria-Krankenhaus (Athen) – mehrfacher Preisträger des Instituts und der Akademie für Medizin – von J. Gulard und Ch. Joyeux etc. für den Nobelpreis vorgeschlagen.

In einer Doktorarbeit (Doktorvater: Prof. J. Bernard) wird ein ganzes Kapitel den Beziehungen zwischen Leukämie und Impfungen gewidmet:

„L. Andre und seine Mitarbeiter haben 1958 über eine akute Leukämie berichtet, die 29 Tage nach der dritten Injektion mit

T.A.B.D.T. diagnostiziert wurde, die eine heftige Reaktion bewirkt hatte. Bei 30 anderen Fällen akuter Leukämie haben diese Autoren vier Fälle beobachtet – davon drei Kinder –, bei denen die Leukämie nach der dritten Injektion oder nach einer Wiederholungsinjektion aufgetreten war.

Es stellt sich die Frage, ob hier eine Unverträglichkeit im Spiel ist, die durch verschiedene Reaktorgene auf bereits vorbereitetem Knochenmark ausgelöst wird und die die Gefahr bösartiger hyperplasischer Prozesse birgt.

Befassen wir uns mit dem äußerst interessanten Bericht von Andersen und seinen Mitarbeitern, die im Jahre 1965 bei einem zehn Monate alten Kind, das gerade gegen Pocken geimpft worden war, eine akute Leukämie feststellten. Sie beobachteten eine kurzfristige Besserung, auf die ein Rückfall mit einer ausgeprägten Leukozytose und unreifen außergewöhnlichen Myelozyten folgte, und das bei einem Kind, das im allgemeinen den aleukämischen Typ aufweist. Konnte der abgeschwächte Virusimpfstoff eine leukämische Änderung bewirken? 1953 beobachtete Lienken nach einer Pockenimpfung einen Fall von akuter Erythroleukämie."

Weiter im Text heißt es:

„Der Fall von Andersen (1965) zeigt, daß das abgeschwächte Pockenvirus eine rezidivierende und schnell zum Tode führende Leukämie auslösen kann" (Maria Petersen, *Dupuytren Copy,* 1966).

Der Artikel „Leukämie und Gelbfieberimpfung" von Dr. Louis Martin in der *Nouvelle Revue française d'Hématologie* (Band 10, Nr. 2, März/April 1970) enthält wichtige Elemente:

„Wir hatten vor kurzem den Fall einer chronischen lymphatischen Leukämie bei einem Mann, der einige Tage zuvor gegen Gelbfieber geimpft worden war.

Dieser besonders heftige Ausbruch einer Hämopathie zwingt uns geradezu, eine Beziehung zwischen den beiden Fakten herzustellen. Während ähnliche Fälle bei Jenner-Impfungen bekannt sind, gibt es unseres Wissens noch keine anderen Fälle bei Gelbfieberimpfungen; deshalb halten wir es für wichtig, diese Beobachtung zu veröffentlichen.

Herr N., 64 Jahre alt, ließ sich am Montag, den 12. Februar 1968 im Institut Pasteur gegen Gelbfieber impfen. Er hatte ein medizinisches Attest, in dem bestätigt wurde, daß er gesund und impffähig sei. In den Jahren zuvor hatte er bereits regelmäßig das Institut aufgesucht.

Nach der eindrucksvollen Beschreibung der Reaktion auf die Impfung, die in einer chronischen lymphatischen Leukämie zum Ausdruck kam, faßt der Autor seine Beobachtungen im folgenden Kommentar zusammen, der aufgrund der dort angeführten Referenzen besonders wertvoll ist:

Die Analyse seiner Beobachtungen führt zu folgenden Schlüssen:

1. Die ersten Symptome, die innerhalb von fünf Stunden nach der Impfung auftraten, waren wahrscheinlich allergischer Art. Diese seltenen allergischen Reaktionen werden genau in einer Monographie über Gelbfieberimpfungen beschrieben, die von der WHO veröffentlicht wurde. **Sie sind nicht weiter verwunderlich, wenn man bedenkt, daß der Impfstoff aus Gewebeflüssigkeit von Hühnerembryos besteht…**

2. Diese allergischen und atypischen Reaktionen, die nacheinander einsetzen, sind nur von klinischer Bedeutung. Das tatsächliche Problem dieser Beobachtung sind **die Beziehungen, die zwischen der Impfung mit einem lebenden Virus und der Leukämie bestehen. Schon lange sind die Schäden nach Pockenimpfungen von Leukämiekranken bekannt.** In Frankreich veröffentlichten J. Ramond, D. Joquelin und Borrien[1] schon im Jahre 1922 **zwei Beobachtungen.**

**1928 berichteten Sergent und Turpin[2] von einem Fall; und seitdem haben zahlreiche Autoren weitere Fälle veröffentlicht. Hier wollen wir uns mit nur einigen begnügen.**

Im allgemeinen löst die Pockenimpfung entweder Leukämie aus, die eine fatale Entwicklung nehmen kann (P. Chevalier, 1947), oder sie verursacht lokale und allgemeine mehr oder weniger schwere Schäden.[3]

Seltener tritt Leukämie nach einer Erstimpfung auf; H. J. Andersen und seine Mitarbeiter[4] berichten 1965 von einem Fall akuter Leukämie bei einem zehn Monate alten Säugling.

Die Krankheit begann sieben Tage nach der Pockenimpfung, und die

Diagnose wurde zwölf Tage nach dieser erstellt. Lienkeng[5] berichtete 1953 in derselben Zeitschrift von einem Fall akuter Leukämie, die elf Tage nach der ersten Pockenimpfung auftrat.

Beide Autoren unterstreichen, wie schnell die Leukämie nach der ersten Impfung auftrat, und vertreten die Meinung, daß die Beziehung zwischen Pockenimpfung und Leukämie mehr als ein unglücklicher Zufall ist. Die Entwicklung und die Schwere der Leukämiefälle nach der Gelbfieberimpfung erinnern uns in vielen Punkten an die Beobachtungen der obengenannten Autoren hinsichtlich der Jenner-Impfung. Diese klinische Ähnlichkeit hat uns um so mehr zu denken gegeben, als es sich in beiden Fällen um Impfungen mit **lebenden Viren** handelt.

Ist das Auftreten der Leukämie bei unserem Kranken purer Zufall? Wir glauben es nicht. Doch auch wenn wir es nicht beweisen können, so sind wir doch dazu geneigt, die Gelbfieberimpfung für die Krankheit verantwortlich zu machen. Wahrscheinlich hat die Impfung bewirkt, daß sich eine nicht erkannte lymphatische Leukämie mit dieser außergewöhnlichen Schwere manifestieren konnte. Wir halten es für außerordentlich wichtig, diese Beobachtungen zu einem Zeitpunkt zu veröffentlichen, zu dem Ärzten zahlreiche Impfstoffe mit lebenden Viren (Polio-, Röteln-, Masernimpfstoff) zur Verfügung stehen oder gestellt werden sollen. Die Beobachtungen zeigen, daß die Gelbfieberimpfung, deren Wirksamkeit und Unschädlichkeit bei gesunden Patienten bewiesen ist, unter noch nicht genau definierten Umständen möglicherweise den Ausbruch einer latenten Leukämie verursachen kann. Aufgrund einer einzigen Beobachtung können wir keine verbindliche Schlußfolgerung ziehen, wir sind jedoch der Meinung, daß bei der Gelbfieberimpfung auch dann größte Vorsicht geboten ist, wenn die Möglichkeiten einer malignen Hämopathie nur gering sind.

Die Ärzte sollten daran erinnert werden, daß jede Impfung ein medizinischer Eingriff ist, der eine sorgfältige klinische Untersuchung und bei jedem Zweifel zusätzliche biologische und hämatologische Analysen erfordert."

Institut-Pasteur-Krankenhaus, 75 Paris

Die Vorsicht, mit der Dr. Martin diese Schlußfolgerungen gezogen hat, sind sowohl durch den Rahmen, in dem diese Beobachtungen gemacht wurden, sowie durch eine wissenschaftliche Zurückhaltung zu erklären. Wie wir im folgenden sehen werden, ist es jedoch verwirrend, daß er zwei Punkte anspricht, die auch von anderen Autoren hervorgehoben werden:

Die Leukämie kommt nach Impfungen mit **lebenden Viren** zum Ausbruch; die für die Kultur der Impfstoffe verwendeten Extrakte von Hühnerembryos stellen eine besondere Gefahr hinsichtlich von Leukämie dar, und zwar aufgrund der erheblichen Verbreitung von Geflügelleukämie in der Geflügelzucht:

> „20 Jahre lang wurden Millionen von Menschen Grippe- und Gelbfieberimpfstoffe verabreicht, die auf Eiern kultiviert wurden, die mit dem Leukämievirus kontaminiert sind“, heißt es in der Monographie Nr. 29, die im Dezember 1968 vom Nationalen Krebsinstitut in den USA veröffentlicht wurde. Weiter im Text heißt es: „Das Geflügel wird schon sehr früh mit einem Impfstoff gegen Lungenkrankheiten infiziert, der mit dem Leukämievirus kontaminiert ist...“

## Neoplasische (krebserzeugende) Auswirkungen von Impfviren

Es gibt nicht nur die klassischen Impfschäden wie Enzephalitis bei Pockenimpfung oder Adenitis bei BCG-Impfungen usw., Impfschäden sind ausgesprochen vielseitig.

> „... Meiner Meinung nach lautet die große Frage, die sich nur die Homöopathen gestellt haben: Welche Spätschäden können Impfungen verursachen? Die Zellunordnung, die durch krankhafte Mikrobenangriffe verursacht wurde, ist die Wiege von Krebskrankheiten, und sie erklärt teilweise die langsame und unerbittliche Entwicklung dieser Geißel unserer Zeit“ *(Dr. Coux, Santé, Liberté et Vaccinations, Nr. 21,* Juli 1970).

Dr. William Forbes Laurie, Leiter des Metropolitan Cancer

Hospital in London, ist „fest davon überzeugt, daß die kontinuierlichen und beharrlichen Impfungen erheblich zur Begünstigung von Krebs beitragen“.

> „Auf dem zweiten Kongreß für Tropendermatologie hat W. C. Marmelzat (Universität Südkalifornien) über eine Reihe von 18 Hauttumoren berichtet, die sich an den Pockenimpfnarben entwickelt haben. Diese Tumoren weisen alle Typen auf: basozellular, stachelzellig, Melanosarkom. Kein anderer krebserregender Faktor kommt für den Tumor an dieser Stelle in Frage“ *(Semaine des Hôpitaux,* 26. März 1970).

Die *Tribune Médicale* vom 3. Oktober 1969 berichtet zu diesem Thema:

> „Die Frist zwischen Impfung und Auftreten des bösartigen Tumors betrug zwischen fünf Wochen und 50 Jahren.“

In ihrer bei Prof. André Lwoff an der wissenschaftlichen Fakultät von Paris 1965 verfaßten Doktorarbeit untersucht Maria-Luisa Duran-Raynals im Anschluß an die Arbeiten ihres Mannes über Krebsgenese die neoplasischen Auswirkungen des Vacciniavirus, das bei der Herstellung des Pockenimpfstoffes und für das Klonen der „Impfstoffe der Zukunft“ benutzt wird. Diese Arbeiten sind überaus interessant. Sie zeigen, daß das Vacciniavirus bei Tieren, die mit krebserregenden Substanzen behandelt wurden, Krebs auslösen kann. Die Krankheit wird durch die Verbindung der beiden Substanzen ausgelöst. „Die Rolle der krebserregenden Substanzen beschränkt sich darauf, beim Wirt die für die Virusinfektion günstigen Bedingungen zu schaffen. Sie bestehen nur sehr kurze Zeit, aber sie leiten einen Prozeß ein, dessen Entwicklung bis zum Krebs autonom und unabwendbar ist.“ **(Siehe Bemerkung S. 92)**

Das Impfvirus kann offensichtlich sowohl beim Menschen als auch beim Tier Krebs auslösen. Die Infektion durch das Impfvirus und durch das Herpes-simplex-Virus war mit der Entwicklung

von Tumoren beim Menschen verbunden, wobei offensichtlich keine krebserregenden chemischen Substanzen vorlagen.
In ihrer Arbeit hat Maria-Luisa Duran-Raynals vor allem das Vacciniavirus untersucht, weil es bei den Impfkampagnen die gesamte Menschheit infiziert hat. Seine Eigenschaften sind also von ganz besonderem Interesse, und die Untersuchungen zeigen die Rolle, die es bei der Auslösung von Krebs spielt. Sowohl F. Duran-Raynals als auch seine Frau bestätigen: Krebs kann durch normalerweise nicht neopiasische Viren induziert werden, wenn gewisse Bedingungen wie hormonale Einflüsse, Streß, chemische Produkte, ionisierende Strahlen usw. vorliegen.

> „Alle Viren können unter bestimmten Bedingungen Krebs erzeugen; die Bemühungen, den Mechanismus dieser Krankheit aufzudecken, werden zu einem ungeheuren Vorhaben. Trotz der großen Zahl der Viren, die Krebs erzeugen könnten, kann man die Grenzen des Problems festlegen, wenn man zumindest im Rahmen einer Arbeitshypothese davon ausgeht, daß die Bedingungen, unter denen dieses Phänomen tatsächlich stattfindet, nur für eine vergleichsweise geringe Zahl dieser Viren vorliegen. Es ist nicht leicht, zu entscheiden, um welche besonderen Viren es sich dabei handelt, jedoch kann man sich auf Beobachtungen stützen, die unter natürlichen Bedingungen gemacht wurden. Die Viren, die wir unter diesen Bedingungen für die verdächtigsten halten, gehören zur Gruppe Pox."

„1961 haben Niven und andere ein Pox-Virus nachgewiesen, das fast mit dem Impfvirus identisch war und das Tumore bei Affen erzeugte", schreibt M.-L. Duran-Raynals. Weiter unten heißt es dann in ihrer Doktorarbeit:

> „Die Möglichkeit, daß die Impfinfektion beim Menschen Neoplasmie auch an anderen Stellen als an der Impfstelle auslöste, wurde bereits von Helman angesprochen. Dieser Autor beobachtete in sechs Fällen eine Verbindung zwischen der Entwicklung von Neoplasmie und einer Impfinfektion beim Menschen (fünf Leukämien und ein Neuroblastom)."

Ebenso berichtete F. Duran-Raynals im Jahre 1957 „von der Entwicklung eines Tumors an der Stelle einer Impfinfektion unter Einwirkung einer krebserregenden chemischen Substanz“.

Impfviren, wie Polio, Röteln, Grippe, Masern, Mumps – um nur die geläufigsten zu nennen –, die durch Impfungen in den Körper gelangen, haben dasselbe Potential und bergen dieselben Risiken wie das Vacciniavirus:

Sie können jahrelang latent im Organismus sein und anläßlich einer Behandlung mit Cortison, Strahlen, Streß oder aufgrund anderer Krankheiten Krebs, multiple Sklerose oder andere Viruskrankheiten und wahrscheinlich auch AIDS – u. U. erst wesentlich später – auslösen.

**Die Zellkulturen, auf denen Impfstoffe kultiviert werden, können mit Viren kontaminiert sein, die auf diesem Weg in den Impfstoff gelangen.**

„Wie bereits wiederholt gezeigt wurde, kann nie mit Sicherheit gesagt werden, daß eine Zellkultur frei von einem Befall durch andere Viren ist, denn der Nachweis einer Substanz kann nur erbracht werden, wenn wir die zu diesem Nachweis erforderlichen Methoden kennen. Die theoretischen Möglichkeiten sind praktisch unendlich, und es muß zugegeben werden, daß jede Impfung mit lebenden Viren oder sogar mit inaktivierten Viren ein potentielles Risiko darstellt“ (E C. Robbins, *School of Medicine, Monographie Nr. 29,* National Cancer Institute, Dez. 1968).

„Das Problem der zufälligen Kontaminierung von Impfstoffen durch Viren oder andere Infektionsfaktoren hat in der Virologie der letzten zehn Jahre erheblich an Reichweite und Bedeutung zugenommen.

Theoretisch kann jedes Tier, jeder Embryo oder jede Zellkultur, die für die Herstellung von Impfstoffen verwendet werden, ‚fremde‘ Viren enthalten. Sie werden sagen, daß dann Labormethoden gefunden werden müssen, die es ermöglichen, solche pathogenen Faktoren nachzuweisen und auszusondern. Aber die jüngste Erfahrung zwingt uns zur Einsicht, denn sie zeigt, **daß Viren existieren können, über die nichts bekannt ist und die gegenwärtig noch nicht nachgewiesen**

**werden können.** Hierfür gibt es zahlreiche bedeutungsvolle Beispiele. 1960 entdeckten z. B. Sweet und Hillemann das Simianvirus 40 (SV 40) in Nierenzellkulturen, die für die Herstellung des Polioimpfstoffs mit lebenden Viren verwendet werden.

Demzufolge war **das Virus in den meisten vor diesem Zeitpunkt hergestellten Polioimpfstoffen mit lebenden Viren vorhanden,** ohne daß man irgend etwas vermutet hätte. Hinzu kommt, daß das SV 40 bemerkenswert resistent gegen Formaldehyd ist, und somit wird auch verständlich, warum die meisten vor 1960 hergestellten Polioimpfstoffe mit abgetöteten Viren ebenfalls von dem Virus befallen waren. Dasselbe gilt auch für Impfstoffe mit Adenoviren.

Ebenfalls zu Beginn dieses Jahrzehnts hat Rubin eine Labormethode entwickelt, die **die starke Verbreitung des Geflügelleukämievirus** in Hühnerfarmen bei den Hühnern und Eiern aufdeckte. Folglich besteht Grund zur Annahme, daß **diese Viren bis mindestens 1962 die meisten Impfstoffe mit lebenden Viren gegen Gelbfieber** oder **Röteln** infizierten, die mit Hühnerembryos oder auf Hühnerembryokulturen hergestellt worden waren.

Da jedoch die Geflügelviren mit Formaldehyd wirksam inaktiviert werden, waren die Impfstoffe mit abgetöteten Viren vermutlich nicht verseucht.

Doch was bedeutet das in der Praxis? Das SV 40 bewirkt beim Hamster, wenn es injiziert wird, Sarkome; das Geflügelleukämievirus ist bekanntlich nicht nur der Erreger von Leukämie und anderen bösartigen Erkrankungen bei Geflügel, sondern es erzeugt nachweislich auch bösartige Tumore bei verschiedenen Säugetieren einschließlich der Affen. Und was ist mit dem Menschen? (Siehe **Bemerkung** S. 92)

Wir dürfen nicht vergessen, **daß Impfstoffe, die mit dem SV 40 oder mit dem Geflügelleukämievirus verseucht waren, jahrelang Millionen von Menschen verabreicht wurden,** als diese Viren noch unbekannt waren. Es trifft allerdings zu, daß die epidemiologischen Untersuchungen dieser geimpften Menschen nicht bewiesen haben, daß „fremde“ Viren Schäden bewirkt haben … jedenfalls bisher nicht. Aber kann man voraussagen, was die Zukunft bringt?“ *(Le Concours Médicale, Nr. 38,20.* Sept. 1969; das Fettgedruckte wurde von der Autorin hervorgehoben.)

In der Monographie des National Cancer Institute (Nr. 29, Dez. 1968) erkennt Lewis L. Coriell vom Institut für medizinische Forschung in New Jersey an, daß wir angesichts der Tatsache, daß Kinder sechs Routineimpfungen plus ein Dutzend anderer empfohlener Impfungen erhalten,

> „den negativen Aspekt der Impfung im Auge behalten sollten und ihre eventuellen schädlichen Wirkungen – einschließlich die der Hypersensibilisierung gegen zufällige Antigene, der Einführung unbekannter Viren und des krebserzeugenden Potentials – berücksichtigen müssen".

Im Text heißt es, daß

> „20 Jahre lang Millionen von Menschen Impfstoffe gegen Grippe und Gelbfieber verabreicht wurden, die auf der Basis von Eiern hergestellt wurden, die das Leukämievirus enthielten".

Auch Impfstoffe, die von Kühen gewonnen wurden, können der Grund für Leukämie beim Menschen sein:

> „Bereits früher veröffentlichte Berichte als auch unsere eigenen Beobachtungen weisen darauf hin, daß Impfungen zu Leukämie führen können. Bei fünf Kindern und drei Erwachsenen, die in den Kliniken von Krakau beobachtet wurden, folgten auf Pockenimpfungen heftige lokale und allgemeine Reaktionen sowie Leukämie. Dies ist natürlich kein ausreichender Beweis dafür, daß Leukämie, die sich nach einer Pockenimpfung bei genetisch und immunologisch veranlagten Menschen entwickelt, durch die Übertragung von Viren, die von leukämiekranken Kühen stammen, verursacht wurde. Trotzdem verwendet man für die Herstellung von Impfstoffen manchmal leukämieinfiziertes Vieh ohne klinische Symptome sowie auch offensichtlich gesundes Vieh aus leukämieinfizierten Herden" (Julian Aleksandrowicz, Boguslav Halikowksi, Medizinische Akademie, Krakau, Polen, *Lancet, 6.* Mai 1967).

Auch Affen können Leukämie übertragen: siehe Seiten 88 und 89.

Zusammenfassung:

„Zahlreiche Beweise, die auf diesem Kongreß enthüllt und in der Literatur veröffentlicht wurden, zeigen die Präsenz von Viren, krebserzeugenden Faktoren und ihren Antigenen sowie Antikörpern in angeblich normalem Gewebe von Primaten und Nichtprimaten auf, die als Zellkulturen für die Herstellung von Impfstoffen erforderlich sind" (O. N. Fellowes, Laboratorien von Plum Island für Tierkrankheiten, Forschungsabteilung für Parasiten und Tierkrankheiten).

Im Laufe der Jahre haben die oben zitierten von den Medizinern aufgestellten Hypothesen konkretere Formen angenommen:

„Das SV 40 sowie auch andere Viren dieser Familie können beim Hamster und bei bestimmten Affen Gehirntumoren auslösen. Natürlich gibt es Gehirntumoren beim Menschen, deren Ursprung bisher nicht bekannt ist. Hinsichtlich dieses Ursprungs ist es jedoch interessant, daran zu erinnern, daß die ersten Polioimpfungen mit Präparaten vorgenommen wurden, die mit dem SV 40 verseucht waren. Jedoch bestand bisher keine Veranlassung, eine Verbindung zwischen der Präsenz des SV 40 und dem Auftreten eines Gehirntumors beim Menschen herzustellen. Seit mehreren Jahren jedoch wird dieses Virus von einer Arbeitsgruppe in Heidelberg in einigen Tumoren wiedergefunden. Diese Gruppe hat einen sehr zurückhaltenden Artikel veröffentlicht, der von höchstem Interesse ist. Es wird gezeigt, daß bei **ungefähr 25% der menschlichen Gehirntumoren** zwar nicht die ursprüngliche Form des SV 40, aber dafür eine besondere, davon abgeleitete Form **gefunden** wird" (Krieg et al., *Proc. Antl. Acad. Scl., 78,* 6446, 1981). „Dieses Virus ist nicht in das Genom des Wirtes integriert; es ist nicht infektiös. Seine Besonderheit besteht darin, daß es die Spuren der Modifizierungen seines genetischen Erbguts aufweist. Aber da das Virus nicht in der Lage ist, eine Virushülle zu produzieren, bleibt es gegen die immunologische Abwehr seines Wirts ‚unempfindlich'. Welche Verbindung besteht zwischen der Präsenz des Virus und dem Auftreten eines Tumors?

Diese Frage kann nicht sofort beantwortet werden, aber sie stellt sich und sollte alle die beschäftigen, die das SV 40 bei ihren Manipulationen benutzen" (La *Recherche, Nr. 129,* Januar 1982).

Die Studie „Relationen zwischen Polio- und Grippeimpfungen während der Schwangerschaft und Krebs bei Kindern“ (1973) von Heinonen und anderen zeigt, daß Krebs bei Kindern häufiger auftritt, wenn die Mütter während der Schwangerschaft geimpft wurden. Die Untersuchungen wurden in den Jahren 1959 bis 1965 an über 50000 schwangeren Frauen vorgenommen: in den ersten vier Lebensjahren wurden bei Kindern dieser Frauen insgesamt 24 Fälle von Krebs beobachtet, und es konnte festgestellt werden, daß bei Kindern, deren Mütter während der Schwangerschaft mit einem inaktivierten Polioimpfstoff geimpft wurden, die Krebsrate zweimal höher war.

Diese Entdeckungen ermöglichen eine bessere Einschätzung der konkreten Elemente, die der Faktor Zeit mit sich bringt, und sie gleichen den „wissenschaftlichen“ Erklärungen, die auf einem Kongreß im Dezember 1968 von Harry A. Feldman von der Abteilung für Präventivmedizin der Universität New York abgegeben wurden *(Monographie Nr. 29, National Cancer Insitute):*

> „Unsere Sorge hinsichtlich der verschiedenen Komponenten (des Impfstoffs) betrifft die Frage, welche Komponente, wenn es überhaupt eine gibt, Schäden verursachen kann, wenn ein Impfstoff einem Menschen injiziert oder verabreicht wird. Da Kindern mehr Impfstoffe verabreicht werden als Erwachsenen, kommt das Risiko chronischer Reaktionen hinzu. Es kann noch Jahre dauern, bis diese Fragen beantwortet werden können. **In der Zwischenzeit berechtigt nichts dazu, unsere Aktivität aufgrund von Hypothesen darüber, was in 30, 40 oder noch mehr Jahren eintreten könnte, einzuschränken.*** Die biologische Wissenschaft ist, was sie ist, die Dinge müssen im momentanen Stadium beurteilt werden, und es muß entsprechend gehandelt werden.“

Doch schon seit 1965 berichtete M.-L. Duran Raynals in ihrer Doktorarbeit an der Universität Paris über die fürchterliche Eigenschaft der Viren, zu mutieren und zu interagieren, wodurch neue pathogene Hybride entstehen:

* Hervorhebung durch die Autorin

„Ein mutierendes SV 40 wurde in einem durch Formaldehyd inaktivierten Präparat eines Adenovirus-7-Stamms gefunden, der als nicht krebserzeugend galt und fünf Jahre lang in vitro auf Nierengewebe von Rhesusaffen kultiviert worden war.

Dieses Präparat wurde fünf Jahre lang von der amerikanischen Armee zur Immunisierung der Rekruten gegen Infektionen der Atemwege eingesetzt, die durch das Adenovirus 7 ausgelöst werden. Als das SV40 in diesem Impfstoff festgestellt wurde, hat man es durch Absorption mit spezifischen Antikörpern eliminiert, und das Adenovirus wurde weiter auf Nierengewebe der grünen Meerkatze kultiviert. Einige Zeit später wurde entdeckt, daß das Adenovirus 7 beim Hamster Tumoren erzeugt, die dieselben histologischen und antigenen Merkmale aufweisen wie die vom SV 40 hervorgerufenen Tumoren.

Diese unerwarteten Ergebnisse führten zu folgender Erklärung: Aufgrund der Tatsache, daß sich diese beiden Viren jahrelang gemeinsam reproduziert haben, hat sich im selben Milieu ein drittes hybrides Virus mit der Hülle des Adenovirus 7 und dem Genom des SV 40 gebildet.

Die Wechselwirkungen, die zwischen diesen beiden Viren in vitro stattfanden, sind sehr interessant. Einerseits vermehrt sich das Adenovirus 7 in weitaus stärkerem Maße, wenn auch das SV 40 vorhanden ist. Andererseits erzeugt der genetische Bruchteil des SV 40, der sich in der Hülle des Adenovirus 7 befindet und der Millionen von jungen Leuten injiziert wurde, bei einer größeren Zahl von Tieren wesentlich schneller Tumoren als das ursprüngliche SV 40.

Aufgrund dieser Feststellungen wurden in den USA neue Regelungen erlassen, denen zufolge es verboten ist, Impfstoffe mit dem Adenovirus 7 oder irgendeinem anderen Virus herzustellen, das zuvor in Kontakt mit dem SV 40 war.“ **(Siehe Bemerkung S. 92)**

Die Kultur von Impfviren auf tierischen Zellen oder Zellkulturen (Ei, Hühner- oder Entenembryo, Affennieren, Hundenieren) läßt zahlreiche Fragen offen, und insbesondere stellt sich die Frage nach den krebserzeugenden Folgen, die die Übertragung eines Virus auf eine andere Gattung haben kann:

„Die Injektion des Virus einer Affenart bei einer anderen Art hatte die Entwicklung von Krebs zur Folge: die Bösartigkeit" erklärt Dr. Hunt, „kommt in der Invasion und dem Ersatz großer Teile der Organe und des Gewebes durch neoplasische (anormale) Zellen sowie durch eine ungewöhnliche Veränderung des peripheren Blutes bei bestimmten Tieren zum Ausdruck.

Hauptsächlich wurde jedoch eine extreme Vergrößerung der Milz und der Lymphknoten beobachtet. Die Milz war zwei- bis fünfmal so groß wie normal. Andere Beobachtungen berichten von der Veränderung der Farbe und der Lebensstruktur, von Ödemen und Striemen auf dem äußeren Nierengewebe sowie von der Vergrößerung der Nebennieren bei gleichzeitigen Blutungen der Außenwand.

Unter dem Mikroskop haben Hunt und seine Mitarbeiter eine Zellinfiltration der Leber, der Milz, der Lymphknoten, des Thymus, der Niere und der Nebennieren festgestellt. Die Infiltration konnte ebenfalls an den Lungen, der Speicheldrüse, der Prostata, den Hoden sowie dem Knochenmark beobachtet werden.

Die Art der Infiltration ähnelte der beim Menschen und beim Tier festgestellten bösartigen Lymphknotenschwellung der retikulären Zellen. Die Untersuchung des Blutes ergab erhöhte weiße Blutkörperchen und eine dem Tod vorausgehende Lymphozytose. Diese Zellen wurden als ‚atypische Lymphozyten' klassifiziert.

Nach dem Tod der Primaten wurde versucht, das Virus aus den verschiedenen Geweben zu isolieren, aber bis auf zwei Tiere – bei denen Herpes Saimiri festgestellt wurde – **war es unmöglich, das Virus zu *erhalten.***

Doch dies ist kein Einzelfall, denn es kommt auch bei anderen Viren vor (Adenovirus und SV 40 z. B.)" *(Médecine et Hygiène,* Nr. 887, 8. Okt. 1969).

Damit werden die Argumente der Impfanhänger, die eine Ursache-Wirkung-Beziehung zwischen Impfungen und Schäden bestreiten, zunichte. Unter dem Vorwand, daß man bei Röteln- oder Polioimpfungen keine Viren des Impfstoffs im Blut von frisch Geimpften findet, die an Leukämie sterben, können sie ihrer Meinung nach die Hypothese ausschließen, daß die Impfung die Ursache war.

Die Tatsache, daß die Viren, die bei Versuchsaffen Krebs ausgelöst haben, nach dem Tod dieser Tiere völlig verschwunden waren, erlaubt den Schluß, daß die Impfviren – auch wenn man sie nicht mehr im Blut der Geimpften findet – die Ursache für Krebs oder Leukämie waren, die nach der Impfung auftraten.

Neben den potentiellen Gefahren, die diese Viren in sich bergen, können sie untereinander oder zusammen mit Impfviren neue Kombinationen bilden und neue Krankheiten, darunter Krebs, erzeugen.

> „Die Tatsache, daß das SV 40 die Entwicklung des menschlichen Adenovirus auf Affennieren beschleunigt und daß man Adenovirus-SV-40-Hybriden in Kulturen beobachtet hat, die mit diesen beiden Viren verseucht waren, führt uns zu dem Schluß, daß die Hybridisierung von Viren bei anderen Infektionen mit gemischten Viren erfolgen kann. Es konnte ganz eindeutig festgestellt werden, daß es Fälle gibt, bei denen einzelne Viren zweifach infiziert sind, und zwar mit SV 40 und Röteinviren, SV 40 und REO-Viren sowie SV 40 und einem tollwutverwandten Virus“ *(National Cancer Institute, Monographie Nr. 29,* Dez. 1968, G. D. Hsiung).

Es kann angenommen werden, daß diese Kontaminierungen nur einen Teil der verwendeten Zellpartien betreffen und daß Tests die Eliminierung dieser Partien ermöglichen:
in der Praxis scheint es jedoch ganz anders auszusehen. In der oben zitierten Monographie Nr. 29 vom National Cancer Institute berichtet G. D. Hsiung von einer Untersuchung, die er mit Mitarbeitern über einen Zeitraum von vier Jahren über Viren in Affennierengewebe durchgeführt hat, das für die Herstellung von Basiszellkulturen verwendet wurde.

> **„Zu** unserer großen Überraschung konnte ein ungewöhnlich hoher Anteil an Viren in den als ‚normal‘ geltenden Kulturen entdeckt werden. Von Februar 1966 bis Februar 1967 haben wir 417 verschiedene Partien von Affennierenzellen kultiviert und untersucht. Diese Beobachtungen wurden verlängert, solange die Zellen in gutem Zustand waren. Bei allen 227 Rhesusaffen (RhM) aus Indien und

190 grünen Meerkatzen (GM) aus Äthiopien war das Nierengewebe mit Viren infiziert. Ungefähr 50% produzierten jeden Monat einen oder mehrere Viren unabhängig von der Gattung oder Jahreszeit, in der das Gewebe entnommen wurde.

Obwohl die Präsenz latenter Viren in sogenannten ‚normalen' Zellkulturen sehr groß war, sind diese Viren unbemerkt geblieben. Der Nachweis latenter Viren erfordert besondere Manipulationen, und die Zellkulturen müssen über einen sehr langen Zeitraum angelegt werden.

Bei 86 untersuchten Kulturpartien entdeckte man nur bei 2–4% der Fälle – 14 bis 21 Tage nach Beginn der Kultur, d. h. dem üblichen Zeitraum der meisten virologischen Untersuchungen – Virusinfektionen.

Wenn diese Partien jedoch nach 29 bis 55 Tagen untersucht wurden, war ein bedeutend höherer Prozentsatz der Kulturen mit Viren infiziert. Außerdem beeinflußte die Zahl der Quarantänetage, bevor diese Affen getötet wurden, den Typ der isolierten Viren: tatsächlich wurden nach 30 bis 90 Quarantänetagen die Kontaminierungen mit dem SV 5 und dem Rötelnvirus eliminiert. Allerdings blieben das SV 40 und tollwutverwandte Viren über einen längeren Zeitraum in den Affennieren."

Es ist interessant, den von Prof. Robert Gallo erstellten Stammbaum der Retroviren einer näheren Betrachtung zu unterziehen:

Das HTLV 1 gilt bei Erwachsenen als Ursprung der T-Zellen-Leukämie. Das Virus ist in Japan stark verbreitet, und seine Präsenz im Blut von Spendern bedingt eine systematische Überprüfung. Japan kennt hingegen nur sehr wenige AIDS-Fälle.

In der Zeitschrift *Nature* vom 26. November 1987 wird über die Entdeckung eines neuen ähnlichen Retrovirus, des HTLV 2, berichtet, „das mit dem der Haarzell-Leukämie und der chronisch-lymphatischen Leukämie der T-Zellen in Verbindung gebracht wird". Ein weiteres Retrovirus, das HTLV 4, das bei Westafrikanern (Senegalesen) in gutem Gesundheitszustand isoliert werden konnte, wurde als „ohne wesentlichen Unterschied zu sechs HTLV-3-Isolaten der grünen afrikanischen Meerkatze" bezeichnet, heißt es in *Nature* vom 12. November 1987.

All diese verwandten Viren, die leukämische Krankheiten auslösen, bewirken möglicherweise, je nach ihrem Wirt, unterschiedliche Krankheiten. Es ist bekannt, daß Viren miteinander neue Kombinationen bilden oder mutieren, je nachdem, ob andere Viren oder chemische Substanzen vorhanden sind (siehe auch Kapitel 3).

## Abschwächer in Virusimpfstoffen können krebserregende Eigenschaften haben.

Dies gilt für Formaldehyd in Diphtherie-, Keuchhusten-, Tetanus- und Polioimpfstoffen.

In der Beilage zu *La Semaine des Hôpitaux* vom 9. März 1977 war ein Artikel dem nationalen französischen Gesundheitslaboratorium gewidmet, das über zwei Laboratorien zur Kontrolle von Seren, Impfstoffen und biologischen Produkten verfügt:

> „R. Netter hebt einige Punkte besonders hervor: da entdeckt wurde, daß Betapropriolakton krebserregend sein kann, wurde sein Gebrauch für die Herstellung von französischen Impfstoffen verboten."

Zehn Jahre später wird dieser Abschwächer jedoch immer noch bei der Herstellung von Grippeimpfstoffen verwendet, und erst 1986 wurde bei der Herstellung von Polioimpfstoffen auf ihn verzichtet.

## Das Impfvirus kann Eigenschaften entwickeln, die die Bildung von Tumoren fördern, wenn andere physikalische Reize oder Viren hinzukommen.

## DER STAMMBAUM DER RETROVIREN

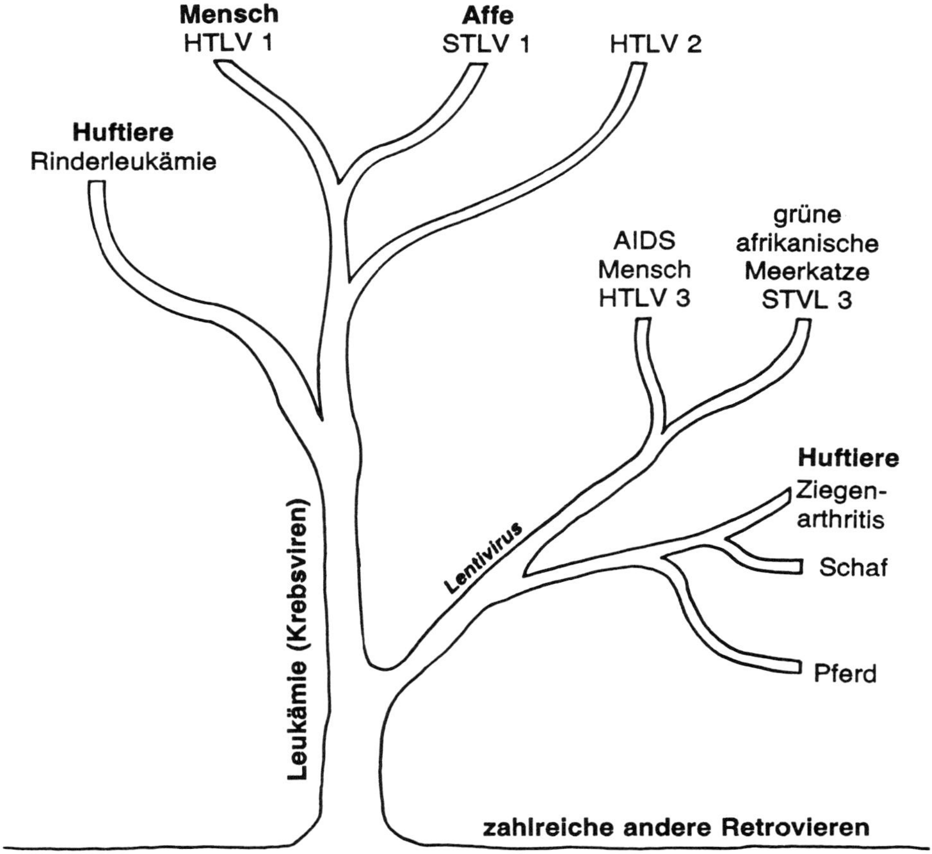


„Beim derzeitigen Forschungsstand unterscheidet man zwei Familien krankheitserregender Retroviren. Die erste umfaßt jene Viren, die bei Rindern, Katzen, Mäusen und Menschen Leukämie hervorrufen. Zur zweiten gehört unter dem allgemeinen Namen „Linsenviren“ eine Reihe von Retroviren, die insbesondere bei Schafen die Drehkrankheit, bei Pferden Anämie, bei Ziegen Arthritis sowie bei den grünen afrikanischen Meerkatzen eine Erkrankung des Immunsystems auslöst. Das beim Menschen nachweisbare AIDS-Virus ist ein Mitglied dieser Familie, und die laufenden Arbeiten werden es erlauben, seinen Ursprung genauer als bisher zu bestimmen.“

„Das Virus kann pathogen werden, wenn es in der Folge mit einem anderen Virus in Kontakt kommt oder wenn bestimmte physikalische Reize vorhanden sind. Aus diesem Grund wurde der französische Herpesimpfstoff vom Markt genommen, als der Verdacht aufkam, daß dieses inaktivierte Virus unter dem Einfluß ultravioletter Strahlen mutieren könnte und daß es die Entwicklung von Tumoren fördert" *(Le Monde,* 28. Mai 1977).

## Immunkomplexe und neoplasische Leiden

„Jüngste Untersuchungen haben die Präsenz von Antigen-Antikörper-Komplexen im Blut und in bestimmten Geweben von Patienten ergeben, die an Neoplasie leiden. Der häufige Nachweis dieser Immunkomplexe im fortgeschrittenen oder akuten Stadium von Krebs und der offensichtliche Zusammenhang mit einem ungünstigen Verlauf dieser Krankheit lassen vermuten, daß sie mit der Pathogenese der bösartigen Wucherung in Verbindung gebracht werden können.

Ein Immunkomplex resultiert aus der Interaktion zwischen Antigen und Antikörper. Die Bildung solcher Komplexe ist Teil der normalen Immunreaktion. Sie ermöglicht eine schnelle Eliminierung der Antigene, weil die meisten gebildeten Komplexe vom retikuloendothelialen System aufgenommen und verdaut werden. Unter besonderen Umständen können Immunkomplexe im Kreislauf bleiben und sich auf bestimmte Organe beschränken. Sie lösen eine Reihe schädlicher Phänomene aus, welche zu krankhaften Zuständen führen, die als Immunkomplexkrankheiten bezeichnet werden. Vor kurzem wurde die Präsenz von Antigen-Antikörper-Komplexen im Blut und in bestimmten Geweben von krebskranken Patienten nachgewiesen. Jüngste Experimente und klinische Untersuchungen haben gezeigt, daß diese Immunkomplexe bei der Entwicklung von Tumoren eine wichtige Rolle spielen.

Bakterien oder Viren sind als Ursprung bestimmter Komplexe nicht auszuschließen, auch wenn bei den meisten Untersuchungen keine Relation zwischen dem Nachweis von Immunkomplexen und dem Auftreten von infektiösen Komplikationen beobachtet wurde.

Die häufige Verbindung von Immunkomplexen mit den Stadien tumoraler Verbreitung und der Aktivität bösartiger Wucherungen sowie der ungünstige Einfluß dieser Komplexe auf die Prognose lassen vermuten, daß sie an der Entwicklung der Neoplasie beteiligt sind. Welchen Ursprung ihre antigenen Komponenten auch haben mögen, die Komplexe können in die Mechanismen der Immunabwehr des krebskranken Patienten eingreifen. Komplexe, deren Antigen keinerlei Beziehung zu den bösartigen Zellen hat, können die Aktivierung und die Funktion der B- und T-Lymphozyten beeinflussen.

Komplexe, deren Antigen tumoraler Art ist, können außerdem spezifisch mit der Zellimmunreaktion des Kranken auf seinen Tumor einwirken. Nur durch die Identifizierung der Komplexantigene kann festgestellt werden, welche Mechanismen der Immunkomplexe in die Pathogenese des Krebses eingreifen. Die gegenwärtigen Erkenntnisse lassen jedoch vermuten, daß der Nachweis von Immunkomplexen bei krebskranken Patienten ein Kriterium für die Ausbreitung, Aktivität und Prognose der bösartigen Leiden darstellt" *(Médecine et Hygiène,* l. Nov. 1978).

Impfstoffe sind mit dem Impfkeim und den Antikörpern, die sie erzeugen, Immunkomplexe.

**Bemerkung zu Seite 78, 81 und 85**

Warum übertragen die Verantwortlichen dieses Ergebnis aus Tierversuchen nicht auf den Menschen und verbieten solche Impfstoffe? Weil sie selbst nicht an den Tierversuch glauben.

[1] Ramond, J., Joquelin, D. und Bornen: *Bulletin et Mémoire de la Sociéte médicale des Hôpitaux de Paris,* 13. Januar 1922

[2] Sergent und Turpin: Généralisation cutanée d'un sarcome lymphoblastique après une vaccination jenneriénne. *Bull. Soc. Méd., 816,* 1928

[3] Bousser, J-, Christol, D. und Quinchaud, J.: Accidents locaux et généraux de la vaccination jennérienne chez les leucosiques. *Presse méd., 63,* 1797, 1955

[4] Andersen, H., Nilsson, R. L. und Lund: Acute leukaemia following smallpox vaccination in a ten months old infant. *Acta Paediat. Scand., 54,* 383, 1965

[5] Lienkeng, K.: Hyperacute case of erythroleukaemia treated with aminopterm, *Acta Paediat. Scand., 42,* 157, 1953

5. Kapitel

# Nicht rückgängig zu machende, weil genetische Schäden

Wir haben den Eindruck, daß die Virusimpfstoffe die gefährlichsten Impfstoffe sind, und zwar sowohl wegen der Eigenschaften der zum Impfen verwendeten Viren selbst, wegen der Eigenschaften der Viren, die die Zellen verseuchen, auf denen sie kultiviert werden, als auch wegen der Abschwächer, die bei ihrer Herstellung verwendet werden. Die Viren haben in genetischer Hinsicht ganz besondere Eigenschaften:

„Wenn sie injiziert werden, gelangen sie in lebende Zellen und vermehren sich dort. Sie sind so eng mit den Zellen, die sie infizieren, verbunden, daß sie oft ihr eigenes Erbgut in das Erbgut der Zellen einbringen.

Doch Viren haben noch eine weitere Eigenschaft: sie sind ‚polyvalent', d. h., sie **können sich auf verschiedene Weise je nach Milieu und Zellen manifestieren.**

Viren können Zellen auf zweierlei Weise infizieren: Es gibt die sogenannte aktive Virusinfektion und die latente Virusinfektion.

Bei der aktiven Virusinfektion dringen die Viren in die Zelle ein und beginnen praktisch sofort mit ihrer Vermehrung. Die neuen Viren treten aus der Zelle aus und können andere infizieren.

Bei der latenten Infektion dringen die Viren in eine Zelle ein, aber beginnen nicht sofort mit ihrer Vermehrung. Es sieht eher so aus, als **fügten sie ihr Erbgut zu dem der Wirtszelle hinzu. Wenn** sich die infizierte Zelle vermehrt, macht es das Virus ebenso, so daß jede Zelle, die aus der vom Virus infizierten Zelle hervorgeht, das Erbgut dieses Virus enthält.

Eine entsprechende Stimulierung ändert das Virus selbst, und die neuen Viren verlassen die Zelle. Alle Stimulierungsfaktoren, die ein latentes Virus in ein aktives Virus umwandeln können, sind noch nicht bekannt. Bekannt sind Strahlen, Wärme, Kälte und bestimmte Stoffe.

Latente oder aktive Viren können auf die Zellen verschieden einwirken. Im Fall einer Infektion von Zellen durch Viren gibt es mindestens drei Möglichkeiten: die Zellen sterben ab, die Zellen vermehren sich schneller, oder es wird keinerlei Wirkung festgestellt. Aber auch die Zellen, die keinerlei Wirkung zeigen, können betroffen sein.

**Es kann entweder eine Chromosomenänderung vorliegen, oder es können andere, subtilere Wirkungen auftreten, die von der nächsten Zellgeneration geerbt werden können.**

Die Chromosomen tragen die Erbgene oder -elemente; und jede Änderung eines oder mehrerer Elemente wird von der Zelle an ihre Tochterzellen weitergegeben.

**Die Viren können von einer Generation auf die andere durch Sperma, Ei, Plazenta und Muttermilch übertragen werden.**

Ebenso verhält es sich mit den Viren, die als Impfstoffe eingesetzt werden. **Lebende Impfstoffe bringen u. a. folgende Risiken mit sich:**

Verunstaltung oder Tod des Embryos, eventuelle Entstehung von **Krebs,** Auftreten **neuer Krankheiten,** Auftreten **genetischer Schäden,** Präsenz von **„geheimen Viren"** in den Impfstoffen, die gefährlich sein können.

**Genetische Fehler sind erblich. Eine Virusinfektion kann zahlreiche Änderungen in den Chromosomen der Zellen bewirken. Wenn die Keimzellen eines Menschen durch Viren infiziert sind, kann dies genetische Änderungen in den Geschlechtszellen bewirken. Das veränderte Sperma oder Ei wird seine Fehler an die Nachkommen weitergeben. Es ist bekannt, daß Viren alle möglichen Änderungen in den Chromosomen verursachen können.**

Die im lebenden Rötelnimpfstoff verwendeten Viren verursachen zahlreiche Krankheiten in den Chromosomen der menschlichen Zellen. Dies wurde sowohl bei Zellen festgestellt, die geimpften Personen entnommen wurden, als auch bei Kulturen mit menschlichen Zellen, die mit den **lebenden Viren des Pockenimpfstoffs** infiziert waren. Ebenso hat das abgeschwächte lebende Virus Typ II, das für den **Impfstoff gegen Kinderlähmung** verwendet wird, Chromosomenänderungen in Kulturen mit menschlichen Zellen bewirkt."

(Prof. Richard De Long, *Sciences et Mécaniques,* April 1968)

Folgende Meldung einer brasilianischen Zeitung stellt einen erneuten Beweis dafür dar, daß Impfungen Chromosomenschäden hervorrufen können:

„Einige Untersuchungen haben ergeben, daß nach bestimmten Viruserkrankungen wie Windpocken oder Mumps Strukturänderungen der Chromosomen bei jungen Patienten auftreten. Es wurde ebenfalls nachgewiesen, daß Patienten, die gegen Röteln oder Gelbfieber immunisiert sind, manchmal Chromosomenanomalien des Knochenmarks aufweisen. Dies wurde vor kurzem bei Kindern im Alter von ein bis sechs Jahren beobachtet, die gegen Pocken geimpft worden waren. Einige Zellen, die diesen Kindern entnommen wurden, hatten nur 40 bis 45 Chromosomen und nicht 46, wie es bei normalen menschlichen Zellen der Fall ist.

Es handelt sich hierbei um eine merkwürdige Feststellung, und die Spezialisten sind entschlossen, dies mit äußerster Aufmerksamkeit zu untersuchen.“ *(Ultimo Hora, 20.* Jan. 1969)

Homologe Transplantationen von menschlichem Krebs auf nichtverwandte Gattungen:

„Da es sich hierbei um Tierversuche handelt, die natürlich auch für Menschen gelten können, ist zusätzliche Vorsicht geboten. Tatsächlich können Impfungen mit Extrakten oder Tumorzellen in Suspension bei weniger empfindlichen Tieren keinerlei Wirkung haben und sie bei offensichtlich guter Gesundheit belassen. Trotzdem können diese Injektionen, nach denen nicht sofort ein Tumor auftritt, in der Folge zu Neoplasmen unterschiedlichen Schweregrads führen oder bei späteren Generationen Krebs erzeugen, während das Tier offensichtlich gesund bleibt: dies wurde bei Tierversuchen mit leukämiekranken oder von Mammatumoren befallenen Mäusen festgestellt. Wenn diese Feststellungen auch auf den Menschen zutreffen, ist damit zu rechnen, daß Impfungen mit Krebsextrakten bei gesunden Menschen ein verzögertes Auftreten von bösartigen Phänomenen bewirken, d. h. nach mehreren Jahren, nach Jahrzehnten oder sogar erst bei Kindern oder Enkeln des ein oder zwei Generationen vorher geimpften Patienten.“ **(Siehe Bemerkung** S. 98) *(Médecine et Hygiène, 11. Nov. 1970)*

Der von Dr. Kalmar zitierte Nobelpreisträger James D. Watson schreibt:

„Tatsächlich haben wir festgestellt, daß das Chromosom (Nukleoid) des Virus in die Zelle eindringt. Seine Hülle (Kapsid) bleibt draußen. Das Chromosom des Virus kann sich dann – mit dem genetischen

Material – in ein Chromosom der Wirtszelle einnisten und bildet ein sogenanntes ‚Provirus', das ein unvollständiges Virus ist, d. h. ein Virus, das sich latent verhält und das wie im Schlaf unbemerkt bleiben kann

Aus diesem neuen genetischen Material kann sich dann später Krebs entwickeln. Ein bekanntes Beispiel ist das Adenosarkom bei Mäusen. Die Weibchen vom Stamm K geben durch ihre Muttermilch ein Tumorvirus, den sogenannten ‚Bittnerfaktor', an ihre Jungen weiter. Das Virus verhält sich bei den Jungen latent, bis die erwachsenen Weibchen nach einigen Würfen ihrerseits ein Adenosarkom haben. Außerdem wurde beobachtet, daß bestimmte Krebsarten die Präsenz von zwei Virustypen erfordern, um Krebs auszulösen oder um sein Auftreten zu erleichtem." **(Siehe Bemerkung unten)**

*(Biologie moléculaire du gène, James D. Watson)*

Impfschäden können deshalb nicht auf jene Symptome beschränkt werden, die in den Stunden oder Tagen nach der Impfung auftreten. Genetische Schäden sind zwar schwer zu erfassen, sie sind aber sicherlich ein besonders besorgniserregender Aspekt der versteckten schädlichen Folgen von Impfungen.

**Bemerkung zu Seite 97**

Man muß entweder Tierversuche als Mittel der Forschung total verneinen und aufgeben oder sich den Vorwurf des Betrugs und Verbrechens gefallen lassen.

6. Kapitel

# Kardiovaskuläre Schäden

In seinem Buch „Koronarerkrankungen pankreatischen Ursprungs“ berichtet Dr. A. Levy über folgende Beobachtungen:

**Beobachtung A 3, S. 10**

„Es handelt sich um einen Leutnant der Überseetruppen im Alter von 32 Jahren mit athletischer Konstitution; seine physische Verfassung befähigt ihn zur vollen Dienstausübung. Er klagt jedoch seit zwei Jahren über retrosternale Beschwerden beim Marschieren, die ihn zum häufigen Anhalten zwingen; nach einigen Minuten löst sich die Beklemmung, und er kann weitergehen.

Außerdem leidet er an chronischen Verdauungsbeschwerden, die aufgrund der Ausscheidung weißer Fragmente im Stuhl auf einen Bandwurm zurückgeführt wurden.

Gegen Ende seines Urlaubs erhielt er vor seiner Rückkehr nach Djibouti eine TABDT-Wiederholungsimpfung. Drei Tage später ging er nach einer üppigen Mahlzeit im Familienkreis ins Kino. Als er das Kino verließ, überfiel ihn ein starker einschnürender Schmerz im Thorax. Gleichzeitig litt er unter einer starken, undefinierbaren Übelkeit.

Ich wurde dringend gerufen und fand einen Patienten im Schockzustand, der vergeblich versuchte, eine Bewegung zu machen, um den Ring zu lösen, der ihm die Brust abschnürte …“

Trotz einer sofortigen Behandlung fiel der Kranke ins Koma und starb auf dem Weg ins Krankenhaus.

Nach Darlegung der Ergebnisse der Autopsie und der histologischen Untersuchung präzisiert der Autor:

„Eine Beziehung zwischen der Pankreatitis und der TABDT-Wiederholungsimpfung ist offensichtlich. Es handelt sich um einen Patienten, der durch frühere Impfungen bereits sensibilisiert war und dessen Verdauungsorgane durch ein Leben in den Kolonien angegriffen waren.

Die Wiederholungsimpfung hat einen Antigen-Antikörper-Konflikt ausgelöst, der durch das vorherige humorale Ungleichgewicht gefördert wurde. Dieser Konflikt hat sich auf das

Pankreas konzentriert, das bereits durch chronische alte Schäden sensibilisiert war, und kam durch eine schwerverdauliche Mahlzeit zum Ausbruch. Die früheren TABDT-Impfungen haben jedoch nicht nur ein humorales Ungleichgewicht bewirkt, sondern auch arterielle Reaktionen der Herzadern ausgelöst.

… Die stark um sich greifende Innenwandentzündung der arteriellen Gefäße führte zu einer Vergrößerung des Endotheliums, die als Reaktion auf eine Aggression ein Mesenchymom des Endotheliums ausgelöst hat. Deshalb spricht nichts dagegen, die wuchernde Innenwandentzündung der vorderen Arterien dieses jungen Mannes in den Rahmen eines allgemeinen reaktiven Prozesses einzuordnen, den die ersten Impfungen in Gang gesetzt hatten.

In diesem Zusammenhang ergibt sich die Frage, in welchem Maße Impfungen und Wiederholungsimpfungen, die bei der Armee hauptsächlich in Kriegszeiten durchgeführt werden, an der Genese bestimmter Herzleiden beteiligt sind, deren Häufigkeit bei Männern bekannt ist und die in einigen Ländern zu einer wahren sozialen Geißel werden. Der Impfstoff löst nicht direkt eine Thrombose aus, aber er erzeugt einen Streß, der die natürliche Sensibilität des endot heliomesenchymatischen Elements der Arterien anregt.

Dieses reagiert mit einer anfangs wahrscheinlich minimalen Vermehrung von Gewebe, die sich aber später steigert und dann sogenannte Überlastungsschäden hervorruft. Das langsame und progressive Fortschreiten dieser Schäden führt einige Jahre später zu den vaskulären Komplikationen, die wir seit dem Krieg beobachten. Gewisse Unsicherheitsfaktoren, die mit dieser Hypothese verbunden sind, sollten nicht außer acht gelassen werden. Trotzdem kann diese Hypothese nicht von vornherein ausgeschlossen werden; sie enthält möglicherweise den Ansatz zu einer Verhütung bestimmter vaskulärer Krankheiten.“

Hinweis des Herausgebers: In Deutschland ist der Begriff „Impfinfarkt“ bekannt.

**Beobachtung OP 7, S. 50**

„G., ein fülliger Mann von 42 Jahren, ist Pferdehändler. Er ist starke Raucher, der gern gut ißt. Zu Beginn des Jahres 1954 erhielt er wegen einer leichten Verletzung eine Tetanusspritze. Acht Tage später litt er an Schüttelfrost, seine Temperatur stieg auf 39° C, Nesselfieber brach aus, er litt an Atemnot und verfiel in einen längeren Ohnmachtszustand.

Nach einigen Tagen linderten sich die Beschwerden, sie ließen den Patienten aber in einem schweren Erschöpfungszustand zurück. Seitdem beklagt sich der Kranke, der zuvor in der Lage war, Schwerstarbeit zu leisten, über ein Nachlassen seiner Kräfte. Bei Anstrengungen leidet er an Atemnot, gleichzeitig machen sich präkardiale Schmerzen bemerkbar, die mit den Anstrengungen stärker werden. Die Beschwerden verstärken sich und äußern sich schließlich in einer Angina pectoris mit Angstzuständen, die den Kranken vom Essen und Schlafen abhalten …"

Diese Beispiele zeigen, daß nichts gegen einen Zusammenhang zwischen vorausgehenden Impfungen und der anschließenden Zunahme von wuchernden Endarteritisschichten in den Herzkranzgefäßen spricht; der Impfstoff löst einen Streß aus, der die arterielle Sensibilisierung anregt.

Für Dr. Levy handelt es sich hierbei bislang nur um eine Hypothese, denn ein Beweis kann nicht ohne zahlreiche Bestätigungen erbracht werden. Trotzdem ist es eine ernsthaft begründete Hypothese, die nicht von vornherein ausgeschlossen werden darf.

„Ich habe zahlreiche schwere Komplikationen gesehen und verfolgen können", schreibt er an Dr. Michaud. „Einer meiner Patienten, der mich regelmäßig jedes Jahr aufsuchte, zeigte einen normalen kardioarteriellen Zustand. Als er sich eines Tages bei einem anderen Arzt gegen Polio impfen ließ, starb er ganz plötzlich zwei Stunden später.

„Dies erinnert an ein Buch von **André Maurois, ‚Das Leben von Sir Alexander Flemming'** (Hachette, 1959, S. 302-303), in dem eine schwere Kardiogastroangina beschrieben wird, von der Flemming ganz plötzlich befallen wird und die zu seinem sofortigen Tod führt. Am Vorabend war er wider seinen Willen gegen Typhus geimpft worden.

Auch sollten wir diese Beobachtungen des bekannten Tropismus der Impfungen beim Retikuloendothelialgewebe mit allen damit verbundenen Skleroseimplikationen vergleichen."

Weitere Schilderungen bestätigen die Rolle von Impfungen bei kardiovaskulären Krankheiten:

Kimmo Koshenvuo (Helsinki) hat versucht, die äußeren Umstände, die Gründe und Risikofaktoren von plötzlichen, nicht gewaltsamen Todesfällen bei finnländischen Rekruten zu bestimmen.

„Diese Studie wurde an fast 900000 Männern im Alter von etwa 20 Jahren durchgeführt, die ihren Wehrdienst zwischen 1948 und 1972 absolviert haben. Ergebnisse:

45 Rekruten sind zwischen 1948 und 1972 plötzlich gestorben. (...) In zehn Fällen war die Ursache eine kardiovaskuläre organische Krankheit, wie bei der Autopsie festgestellt wurde. Fünf der plötzlichen Todesfälle traten kurz nach einer Impfung ein (TAB in zwei Fällen, Pockenimpfung in einem Fall, Pocken- und Diphtherieimpfung in einem Fall und Diphtherieimpfung in einem Fall). In vier Fällen war der Tod myokardisch oder arteriell bedingt, und er trat während oder unmittelbar nach einer schweren Übung ein. (...) Bei keinem dieser Rekruten konnte bei der Aufnahmeuntersuchung oder bei der medizinischen Behandlung im Laufe desWehrdienstes eine Krankheit festgestellt werden, die für diesen plötzlichen Tod verantwortlich sein könnte. Die Möglichkeit, eine Subarachnoidal-Hämorrhagie oder einen akuten Koronarschaden vorauszusehen, hat sich als gering erwiesen. Aber es wäre in bestimmten Fällen möglich gewesen, eine latente Myokarditis, die tödlich sein kann, während einer Infektion durch ein EKG nachzuweisen. Eine schwere Übung kann in den beiden Wochen nach der Impfung ein Risiko darstellen, wenn durch die Impfung eine latente myokardische oder koronare Erkrankung beeinflußt wurde.

Gegenwärtig wird untersucht, ob Anzeichen für einen Herzinfarkt nach Impfungen festgestellt werden können" *(Médecine et Hygiène,* 1977).

In einer Untersuchung von Dr. Moshos von der Universität Athen über Herzkomplikationen nach Pockenimpfungen beschreibt der Autor folgenden Fall:

„Fall eines sechsjährigen Jungen, der acht Tage nach einer Impfung an Herzinsuffizienz aufgrund ischämischer Schäden des Myokards litt. Neun Tage später wurde ein großer Embolus an der Gabelung der Aorta operativ entfernt. Der Junge erholte sich schnell, möglicherweise aufgrund einer hohen Verabreichung von Vakzinegammaglobulin“ *(Helv. Pediat. Acta 31,* 257–260, 1976).

Dr. Moshos schreibt in seinen Notizen, daß in den Vereinigten Staaten ein Fall auf fünf Millionen Geimpfte im Jahre 1947 beschrieben wurde und daß bis 1961 sieben Fälle bei Erwachsenen und drei bei Kindern im Alter von 11, 12 und 24 Monaten beschrieben wurden.

Doch ist diese Impfkomplikation deshalb auch wirklich selten? Es scheint keineswegs sicher. Welcher Arzt erkennt schon den Zusammenhang? Dieser Meinung ist auch Dr. Buchwald, der in der Zeitschrift „Gesundes Leben“ vom Juli 1979 einen von Dr. Sticki in Selecta Nr. 39 veröffentlichten Satz zitiert:

> „Anläßlich einer Reise ins Ausland, aber auch bei einigen Pockenausbrüchen in der BRD stellt sich immer wieder die Frage, welche Reaktionen und Risiken bei einer Pockenimpfung befürchtet werden müssen ... Eine Durchblutungsstörung des Herzens oder des Gehirns mit Folge eines Infarktes oder einer zerebralen Kongestion; dies aber betrifft nur die erste Impfung bei Erwachsenen.
>
> Wenn jedoch das Intervall zwischen zwei Impfungen 20 Jahre oder mehr beträgt, ist mit einer der Erstimpfung ähnlichen Reaktion zu rechnen.“

In der Zeitschrift *Med. Klin.* vom 13. Januar 1961 ist folgendes zu lesen:

> „Vor ungefähr zwei Jahren hat das Pathologisch-Anatomische Institut in Hamburg einen Fall gemeldet, bei dem die Beziehung zwischen Impfung und allergischen Reaktionen im Bereich der Intima der Koronararterien diskutiert wurde: es handelte sich um ein Kind im Alter von elf Monaten, das nach wiederholten Impfungen gegen DTK an Koronarinsuffizienz litt.
>
> H. J. Disfeld berichtet von einem 44jährigen Mann in ausgezeichnetem Gesundheitszustand, der wegen eines Unfalls zahlreiche Tetanusimpfungen erhielt und eine allergische Reaktion

im Bereich der Intima der Koronargefäße zeigte, die zahlreiche hypoxenische Anfälle des Myokards bewirkte, die schließlich zum Tode führten. (Die englischen Autoren haben Reaktionen vom selben Typ im Bereich des Gehirns gemeldet, die ebenfalls nach wiederholten Impfungen auftraten.) Offensichtlich muß also der Impfinfarkt als eventuelles Risiko bei wiederholten und kurz aufeinanderfolgenden Impfungen gesehen werden."

7. Kapitel

# Plötzlicher Kindstod

Das mysteriöse Syndrom des plötzlichen Kindstods, das früher als „Tod in der Wiege“ oder als „Krippentod“ bezeichnet wurde, ist in den Industrieländern einer der Gründe für die Kindersterblichkeit im ersten Lebensjahr[1] sowie in den folgenden dreizehn Jahren (mit Ausnahme von Unfällen).

Die Sterblichkeitsrate reicht von 0,6 bis 3 auf 1000 Geburten. In den USA beträgt sie 7 auf 10000 Säuglinge pro Jahr, d. h. 2 auf 1000 lebensfähig geborene Kinder. In England sterben jährlich etwa 2000 Säuglinge.

90 bis 95% dieser Kinder fallen diesem Syndrom im Schlaf – und zwar im allgemeinen zwischen Mitternacht und acht Uhr morgens – zum Opfer, 40% der Todesfälle treten während der drei Wintermonate ein.

Untersuchungen haben ergeben, daß 30 bis 40% der Opfer zum Zeitpunkt des Todes an einer leichten Infektion litten.

Einige Risikofaktoren konnten herauskristallisiert werden, so daß gewisse Vorsorgemaßnahmen getroffen werden können. Trotzdem ist bislang unklar, wodurch das Syndrom hervorgerufen wird.

Zu den Risikofaktoren zählen Impfungen und insbesondere die kombinierte Impfung gegen Diphtherie, Tetanus und Keuchhusten (DTK).

In der Zeitschrift *Pediatric Infectious Disease* (Januar 1983) erschien eine Studie der Medizinischen Universität UCLA über die Beziehungen zwischen der DTK-Impfung und dem plötzlichen Kindstod. Diese von Dr. Larry Baraff und seinen Mitarbeitern durchgeführte Studie ist die dritte wichtige Arbeit, die Kinderimpfungen und ganz spezifisch die Keuchhustenkomponente mit dem Tod von Kleinkindern in Beziehung setzt. 1979 hatte bereits Dr. Hucheson, Leiter der Abteilung für Epidemiologie im Gesundheitsministerium von Tennessee, eine statistische Untersuchung über den Zusammenhang zwischen der DTK-Impfung und dem plötzlichen Kindstod durchgeführt.

Im Juni 1982 stellte Dr. William Torch, Nevada, dieselbe Beziehung her. Die jüngste Studie von Dr. Baraff, die gemeinsam mit dem Gesundheitsministerium von Los Angeles durchgeführt wurde, ergab durch Befragung der Familien, daß 53 der 145 Opfer des Syndroms des plötzlichen Kindstods zuvor mit dem DTK-Impfstoff geimpft worden waren.

Von diesen 53 Todesfällen hatten 27 den Impfstoff 28 Tage vor ihrem Tod erhalten, sechs waren innerhalb von 24 Stunden nach der DTK-Impfung gestorben und 17 innerhalb einer Woche. Am erstaunlichsten ist jedoch, daß nach der vierten Woche, die auf die Impfung folgte, kein einziger Todesfall auftrat.

Die Tatsache, daß die „meisten Sterbefälle innerhalb von 24 Stunden oder einer Woche nach der Impfung auftraten und daß es nach der vierten Woche keine Todesfälle mehr gab“, wird von den Autoren als statistisch bedeutsam angesehen. Trotz der drei vorausgegangenen Untersuchungen, die alle zum gleichen Ergebnis führten, forderten sie weitere Untersuchungen zur Bestätigung ihrer Feststellungen.

Auch in den USA weisen die Kinderärzte auf die Rolle der Impfungen bei diesen Todesfällen hin. Der Kinderarzt und Immunologe Prof. Kevin Geraghty aus El Cerrito (Kalifornien) hat als erster eine umfangreiche Untersuchung über die Beziehung zwischen der DTK-Impfung und dem Syndrom des plötzlichen Kindstods durchgeführt. Daraufhin meldete der Kinderarzt zusammen mit Dr. Mark Thomas von der American Academy of Clinical Toxology, daß die Reaktionen auf die DTK-Impfungen immer zahlreicher würden *(Veterinary and Human Toxology,* August 1984). Er warf einigen Laboratorien vor, Impfstoffe mit „ganzen Zellen“ zu verwenden, während andere, neuere Impfstoffe weniger gefährlich seien.

Eine von den amerikanischen Behörden gern und oft zitierte Untersuchung, die im April 1987 in *Pediatrica* veröffentlicht wurde, behauptet hingegen, daß die DTK-Impfung beim plötzlichen Kindstod offensichtlich kein bedeutsamer Faktor sei. Diese Untersuchung, die alle Risikofaktoren aufzählt, die mit diesem Syndrom verbunden sind, erstreckte sich auf drei Gruppen von Kindern: 754 Fälle des plötzlichen Kindstods und 1514 Kontrollpersonen, die in zwei verschiedene Kategorien unterteilt waren, wurden untersucht. Die eine Kategorie betraf einen plötzlichen Todesfall und einen Kontrollfall im gleichen Alter, die andere betraf einen plötzlichen Todesfall und einen Kontrollfall, bei dem Alter, Rasse und Geburtsgewicht berücksichtigt wurden.

39,8% der plötzlichen Todesfälle waren kurz zuvor geimpft worden, während von den Kontrollgruppen 55% bzw. 53,2% gegen DTK geimpft waren.

Die Tatsache, daß sich unter den Todesfällen weniger Geimpfte befanden als unter den Lebenden, veranlaßte die Autoren zu der Schlußfolgerung, daß die Impfungen nicht mit dem Syndrom des plötzlichen Todes zusammenhängen. In der Studie wird jedoch dargelegt, daß die plötzlich verstorbenen Säuglinge seit ihrer Geburt häufiger krank waren als die Kontrollkinder, was zu einer Verzögerung der Impfung beigetragen hatte. Bemerkenswerterweise wird von den Autoren nicht berücksichtigt, daß diese schlechten Voraussetzungen den Tod der Kinder infolge zahlreicher anderer Risikofaktoren bewirkt haben konnten, bevor sie geimpft wurden. Der Organismus derjenigen, die außerdem noch geimpft wurden, wurde stark in Mitleidenschaft gezogen, wie Tabelle 12 der Untersuchung zeigt. Alle Reaktionen, die in den Wochen nach einer DTK-Impfung auftreten können, sind detailliert dargelegt.

Drei Zeiträume wurden festgehalten:

– Reaktionen innerhalb von 24 Stunden nach der Impfung,
– Reaktionen zwischen 24 Stunden und zwei Wochen nach der Impfung,
– Reaktionen nach zwei Wochen und später.

Wenn man nicht nachweisen kann, daß der plötzliche Tod der Impfung zuzuschreiben ist, kann man nur die Bedeutung dieser Reaktionen sowohl bei den Verstorbenen als auch bei den Kontrollpersonen feststellen.

**Es kann festgestellt werden,** daß die Reaktionen etwa die Hälfte der Kinder in allen drei Gruppen und in beiden Kategorien betreffen und daß die Anzahl der Reaktionen mit der Zeit zunimmt. Der höchste Prozentsatz der Reaktionen entfällt auf diejenigen, die einem plötzlichen Kindstod zum Opfer fielen, und er ist bedeutend höher als bei den Kontrollgruppen …

In der Schlußfolgerung können wir mit Erstaunen lesen, es sei schwierig, eine zeitliche Beziehung zwischen der DTK-Impfung und dem Syndrom des plötzlichen Kindstods herzustellen, da weniger als 2% der Kinder innerhalb von 24 Stunden nach der Impfung dem plötzlichen Kindstod zum Opfer fallen.

Der Studie ist jedoch zu entnehmen, daß prozentual die meisten Reaktionen auf die DTK-Impfung nach zwei Wochen eintreten. Trotzdem bezieht sich die Schlußfolgerung ausschließlich auf die Reaktionen, die innerhalb von 24 Stunden eintreten, sowie auf eine andere Untersuchung, die von 48 Stunden nach der Impfung ausging!

Die Autoren begnügen sich mit der Feststellung, daß die Impfung beim Syndrom des plötzlichen Kindstods kein bedeutender Faktor zu sein scheint: man hätte zumindest erwarten können, daß sie uns einen Beweis für diese Aussage liefern.

In Frankreich sind seit Anfang 1986 mindestens fünf Kleinkinder innerhalb eines selben Zeitraums gestorben: sie waren zuvor gegen Diphtherie, Tetanus und Keuchhusten geimpft worden.

Die Presse ist ausführlich auf diese Todesfälle eingegangen, und der Gesundheitsminister hatte die **Impfstoffe** als Ursache ausgeschlossen. Aber waren die **Impfungen** deshalb wirklich nicht an diesen Unfällen beteiligt?

Bei einer Impfung gelangt ein Impfstoff in den Organismus, der ein Höchstmaß an Garantien gewährleisten muß. Aber in erster Linie ist ein Individuum betroffen, das seine besonderen Eigenschaften hat, und somit muß bei der Imp-

| | Gegen Tetanus – Diphtherie – Keuchhusten geimpfte Kinder | | |
|---|---|---|---|
| | plötzlicher Tod | Kontrollgruppe/ Alter | Kontrollgruppe/ Alter, Rasse, Gewicht |
| Letzte Impfung vor mehr als 2 Wochen | | | |
| Fieber | 33,2% (62) | 34,2% (89) | 35,3% (103) |
| Müdigkeit o. Atonie | 8,0% (16) | 6,2% (17) | 5,8% (17) |
| Erbrechen | 19,3% (36) | 15,0% (39) | 12,7% (37) |
| Anfälle | 1,1% (2) | 0,4% (2) | 0,3% (1) |
| Anzahl der Kinder in jeder Gruppe | 187 | 260 | 290 |
| Letzte Impfung vor weniger als 2 Wochen und mehr als 24 Std. | | | |
| Fieber | 15,1% (15) | 19,3% (27) | 15,8% (16) |
| Müdigkeit o. Atonie | 1,1% (2) | 4,4% (6) | 2,0% (2) |
| Erbrechen | 6,5% (7) | 3,7% (5) | 2,9% (3) |
| Anfälle | 0,0% | 0,0 % | 0,0% |
| Anzahl der Kinder in jeder Gruppe | 93 | 135 | 101 |
| Letzte Impfung vor weniger als 24 Std. | | | |
| Fieber | 0,0% | 33,3% (7) | 22,2% (2) |
| Müdigkeit o. Atonie | 0,0% | 4,8% (1) | 11,1% (2) |
| Erbrechen | 0,0% | 0,0% | 11,1% (1) |
| Anfälle | 0,0% | 0,0% | 0,0% |
| Anzahl der Kinder in jeder Gruppe | 5 | 21 | 9 |

Wir haben in die Originaltabelle die ungefähre Anzahl von Fällen eingetragen, die sich aus den Prozentsätzen ergibt, um ein klareres Bild von der Wirklichkeit zu erhalten; es verbergen sich nämlich Menschen hinter diesen Prozentsätzen. Diese Anzahl ist nach jedem Prozentsatz in Klammern angegeben.

fung auch die Reaktion auf diese Eigenschaften berücksichtigt werden.

Die Impffolgen, seien sie nun gut oder schlecht, hängen von dieser Reaktion ab, und wenn man objektiv bleiben will, genügt es nicht, sich mit der Analyse des Produktes selbst zu beschäftigen, ohne die Reaktionen des Geimpften zu berücksichtigen. Diese können auf genetischen Faktoren, dem offensichtlichen oder nicht offensichtlichen Gesundheitszustand des Patienten, seiner psychischen oder emotionalen Verfassung oder einer Reaktion auf Umwelt, Ernährung oder Medikamente beruhen.

**Es ist also nicht ein besonderer Typ oder eine bestimmte Partie von Impfstoffen, die die Schäden bewirkt, sondern es ist der Impfakt bzw. das Individuum selbst.**

In der Zeitschrift *Concours Médical* vom 1. Februar 1986 bestätigt Prof. R. Bastin die Rolle der Impfungen:

> „Wir hören ständig dieselben Bemerkungen über die ungünstigen Auswirkungen der Impfungen. Jede Impfung stellt biologisch und immunologisch einen Angriff auf den Organismus dar. Meistens wird dieser ‚Angriff' als unbedeutend und heilbringend bezeichnet. Dies ändert aber nichts an der Tatsache, daß die Impfung bei einem offensichtlich gesunden Menschen, der Träger eines neurotropen Virus ist oder der eine unbemerkte Infektion hat, einen ‚Schock' auslöst, der zum Ausbruch der Infektion führen kann, die klinisch nicht zum Ausbruch gekommen wäre, wenn die Impfung nicht stattgefunden hätte.
>
> Diese nicht vorhersehbaren Fakten verlieren aber deshalb nicht an Bedeutung und bieten eine gute Gelegenheit, die Mediziner daran zu erinnern, daß sie nie in Zeiten impfen sollten, in denen selbst leichte Grippeepidemien viralen Ursprungs herrschen. Auch sollte vor jeder Impfung der gute Gesundheitszustand der zu impfenden Person gewährleistet sein und die Impfung verschoben werden, wenn auch nur der geringste Zweifel besteht. Wir wissen, daß dies in der Praxis bei Kollektivimpfungen nicht immer leicht ist."

Es ist aber nicht weiter erstaunlich, daß Kinder, die zur Zeit der Impfung Zeichen einer Infektion aufwiesen, plötzlich nach der Impfung gestorben sind, auch wenn die Medizin noch nicht in der Lage ist, eine Erklärung für dieses Phänomen zu finden.

Diese Todesfälle haben nicht alle dieselbe Ursache, aber es

ist sehr wahrscheinlich, daß der Impfstreß ein Faktor ist, der bei der Erklärung des Syndroms des plötzlichen Kindstods nicht vernachlässigt werden sollte.

Dies geht aus einem Experiment hervor, das Dr. Kalokerinos in Australien durchgeführt hat.

> „Die ersten Veröffentlichungen über die Beziehung zwischen einer schlechten Immunfunktion und den in der Kindheit vorgenommenen Impfungen wurden von dem australischen Arzt Archie Kalokerinos in seinem Buch *Every Second Child* gemacht. Kalokerinos hatte während der 60er und Anfang der 70er Jahre bei den Eingeborenen gearbeitet. Die Kindersterblichkeit war bei dieser Bevölkerung besonders hoch und erreichte in einigen Regionen über 50%.
>
> Die Eingeborenen haben keine natürlichen Widerstandskräfte gegen zahlreiche Infektionskrankheiten, denen die Europäer viele Jahre ausgesetzt waren. Sie leben in sehr ärmlichen Gegenden, und ihrer Nahrung fehlen die wesentlichen Nährstoffe. Kalokerinos nahm an, daß die Kinder wegen eines starken Vitamin-C-Mangels keine ausreichende Immunfunktion hätten. Tatsächlich war die hohe Sterblichkeitsrate auf eine unzureichende Versorgung mit Vitamin C und anderen Nährstoffen zurückzuführen, ein Mangel, der das Immunsystem stark belastete. Bei einem geschwächten Immunsystem können Impfungen den Tod herbeiführen.
>
> Aufgrund dieser Hypothese, daß der Tod der Kinder auf der Kombination Impfung und Mangelernährung beruhte, erstellte er ein Nahrungsprogramm, das täglich 100 mg zusätzliches Vitamin C je Anzahl der erreichten Lebensmonate vorsah. Diese Verabreichung wurde bis auf 1000 mg im Alter von zehn Monaten gesteigert, und dann wurde für jedes vollendete und neue Lebensjahr 1 g mehr bis zum Alter von zehn Jahren verabreicht. Im Alter von zehn Jahren erhielten die Kinder dann 10 g Vitamin C pro Tag. Außerdem wurden verschiedene Vitamine und Mineralien in Tropfenform verabreicht, die 10 bis 25 mg Zink enthielten. Kalokerinos achtete darauf, daß die Kinder bei leichten Erkrankungen nicht geimpft wurden. Das Ergebnis war bemerkenswert. Zwei Jahre lang starb kein einziges Kind mehr, und der hohen Kindersterblichkeit wurde ein Ende gesetzt.

Dieses Experiment veranlaßte Kalokerinos und seinen Kollegen Glen Dettman, der mit ihm zusammenarbeitete, tiefgreifende Untersuchungen über die Beziehungen zwischen Impfungen und plötzlichem Kindstod vorzunehmen.

Sie konnten hierbei einige überraschende Feststellungen machen. Sie entdeckten eine offensichtliche Beziehung zwischen einer durch Impfstoffe verursachten Immundefizienz und dem Syndrom des plötzlichen Kindstods.

‚Nach mehreren Lebensjahren starben viele Kinder auf geheimnisvolle Weise, genauer gesagt, nach einer Impfung', berichtete Dettman" *(Harper's Queen,* Dezember 1985).

Offensichtlich ist es mit den gegenwärtigen Mitteln nicht möglich, eine gesicherte Beziehung zwischen Impfungen und plötzlichem Kindstod herzustellen. Es scheint jedoch, daß Impfungen ein Teil der Risikofaktoren sind, die nicht vernachlässigt werden dürfen.

[1] In Deutschland über 5000 pro Jahr!

8. Kapitel

# Impfungen und multiple Sklerose

„Der Ursprung der multiplen Sklerose ist immer noch nicht bekannt; einige Forscher stützen sich jedoch auf die Hypothese, daß diese Krankheit einem Virus zuzuschreiben ist oder daß sie zumindest durch ein Virus ausgelöst wird.

C. H. Kemple, J. S. Burks und Coll. (Denver, Colorado) stellten einen möglichen Zusammenhang mit der Pockenimpfung fest. Tatsächlich haben sie in der Gehirn-Rückenmark-Flüssigkeit von MS-Patienten eine höhere Anzahl von Vacciniavirus-Antikörpern feststellen können als bei gesunden Patienten. Es wurde auch eine Erhöhung von Röteln-Antikörpern bemerkt, die jedoch weit weniger bedeutend war. Die Autoren haben ebenfalls beobachtet, daß die Pockenimpfnarben bei MS-Patienten oftmals nur wenig auffällig waren. Dies könnte durch eine schwache Immunreaktion auf den Impfstoff erklärt werden, die die Verteilung des Virus bei einer Zweitimpfung im zentralen Nervensystem bewirkt hat" *(Médecine et Hygiène,* 1977).

„Wenn ätiologische und serologische Untersuchungen das Röteln- und Pockenvirus als wichtigsten Faktoren ansehen, sind die Hypothesen über den Mechanismus der Demyelinisierung sehr eingeschränkt. Dr. Schaefer vom Biozentrum der Universität Basel, mit dem wir eng zusammenarbeiten, hat als Beispiel das Pockenvirus genommen, um die Vermehrung des Virus innerhalb des zentralen Nervensystems zu untersuchen; d. h., er untersuchte, welche Zellenarten infiziert werden und welche Interaktionen zwischen dem Virus und den Oligodendrozyten und dem Myelin und insbesondere mit dem basischen Protein bestehen. Eines der erstaunlichsten Ergebnisse dieser Untersuchung bestand in der Tatsache, daß das Pockenvirus bei Tieren die Produktion von Auto-Antikörpern gegen das basische Protein des Myelin verursachen konnte. Die Weiterführung derartiger Forschungen könnte uns helfen, die Rolle einiger Viren beim Ausbruch der multiplen Sklerose zu erkennen" *(Médecine et Hygiène, 1979).* **(Siehe Bemerkung S. 121)**

Dr. Pilette (Lüttich) ist über die Rolle des Polio-Impfstoffes beim Ausbruch von multipler Sklerose sehr beunruhigt:

„Eine der anerkannten Hypothesen über den Ursprung von multipler Sklerose lautet wie folgt: bei einem Individuum, bei dem eine Virus-Darminfektion nicht richtig auskuriert wurde, bricht später multiple Sklerose aus. Es konnte ein Zusammenhang zwischen MS und Polio in dem Sinne festgestellt werden, daß multiple Sklerose öfter bei Patienten mit verstärkter Polio auftritt. Es konnte ebenfalls beobachtet werden, daß sich Multiple-Sklerose-Fälle nach Polio-Impfungen verschlimmern oder häufiger auftreten."

Folgende Beobachtungen konnten von Dr. Palffy und von Dr. Merfi gemacht werden:

„Die Schlußfolgerung, der zufolge ein Ausbruch von multipler Sklerose teilweise postvakzinalen Komplikationen und Serumreaktionen zugeschrieben wird, scheint gerechtfertigt. Eine ungünstige Entwicklung von multipler Sklerose konnte in einem Fall nach einer Mantoux-Probe und in einem anderen Fall als Folge einer Behandlung mit Pferdeserum beobachtet werden. Da der Einfluß von Impfungen und Seruminjektionen auf den Ausbruch und die Entwicklung von multipler Sklerose bei allergischen Patienten oder an multipler Sklerose Erkrankten eindeutig festgestellt wurde, sollten diese Eingriffe soweit wie möglich vermieden werden. Folglich ist von einer Behandlung von multipler Sklerose mit Impfungen oder Heteroproteinen abzuraten." *(G. Palffy, F. T. Merfi, The possible role of vaccine and seka in the pathogenesis of multiple sclerosis,* „World Neurology", 2 (1961; 167–172)

Wie viele Ärzte und selbst Fachärzte stellen jedoch einen Zusammenhang zwischen der multiplen Sklerose ihrer Patienten und einer kürzlich erfolgten Impfung her? Folgende Aussage soll uns darüber Auskunft erteilen:

„Anbei sende ich Ihnen meine Krankheitsberichte und mein Impfbuch. Wie Sie feststellen werden, habe ich in den vergangenen 19 Jahren nie gezögert, Auskünfte einzuholen. Oftmals jedoch blieben meine Nachforschungen ohne Ergebnis und Antwort.

Das Attest von Dr. F. scheint mir besonders zweischneidig. Meine Sehstörung, die nach einer Pockenimpfung auftrat, wurde als erstes Anzeichen von meiner multiplen Sklerose bewertet. Dies war die Ansicht aller Biologen. Die Neurologen gaben sich jedoch mit der Erklärung zufrieden, daß es sich um puren Zufall handele. Während meiner langen Karriere als Multiple-Sklerose-Patient habe ich oft die Gelegenheit gehabt, bei anderen Multiple-Sklerose-Fällen als Ausgangspunkt für diese Krankheit eine Impfung festzustellen. Doch ein Beweis dafür wurde nie erbracht; und obwohl wir oft genug auf diesen Ursprung der Krankheit bestanden haben, wurde nicht einmal versucht, den Beweis dafür zu erbringen. Niemand will uns anhören."

### Eine andere Krankheit des zentralen Nervensystems

**„Die akute Panenzephalitis ist eine schwerwiegende Folge von Röteln. Ihr Auftreten wurde jedoch auch** Monate oder Jahre nach einer Impfung **mit dem lebenden Röteln-Virus festgestellt. Es handelt sich um eine fortschreitende und zerstörerische Krankheit des zentralen Nervensystems."** *(„Médecine moderne du Canada",* Juli 1974*)*

## Bemerkung zu Seite 119

Gerade Tierversuche sind der Grund dafür, daß die Forschung nicht weiterkommt. Und dann werden Tierversuche gefordert, um die aus Tierversuchen resultierenden Schwierigkeiten zu beheben. Welche Geistesverwirrung oder Geldgier!

9. Kapitel

# Wie sicher sind Impfungen heute?

Im Laufe dieses Buches haben wir oft die Monographie des National Cancer Institute von 1968 erwähnt. Man könnte annehmen, daß bei den ausgefeilten Fabrikationsverfahren von Impfstoffen heute alle Sicherheitsmaßnahmen beachtet werden und daß demzufolge unsere Informationen verjährt sind.

Doch leider ist dies nicht der Fall, und unsere Besorgnis über die zahlreichen Risiken, die Impfungen und insbesondere Virus-Impfungen darstellen, wird durch folgende Auszüge nur noch verstärkt. Es handelt sich um Mitteilungen aus dem Jahre 1988!

„Im Laufe der letzten zehn Jahre fanden zahlreiche Konferenzen und Diskussionen über die möglichen Vorteile und die potentiellen Probleme der Verwendung von Zell-Linien wie Vero-, Namalwa- und CHO-Zellen bei der Herstellung von verschiedenen biologischen Substanzen statt.“[1]

**Im Jahre 1980** hat die „WHO nach einer Befragung von Experten Maßnahmen verhängt, die die Verwendung von Zell-Linien als Herstellungssubstrate für biologische Substanzen erleichtern“.[2]

**Im Jahre 1981** zum Beispiel hat die „WHO eine wichtige Revision der erforderlichen Bedingungen für die Polio-Impfung vorgenommen und folgende Klauseln festgelegt: Verwendung von Zell-Linien, die keine Tumoren verursachen und die frei von Viren sind“.[3]

Wenn man davon ausgeht, daß diese Klausel angewendet wird, bedeutet dies, daß Impfstoffe, die vor diesem Datum hergestellt wurden, mit Zellen verseucht waren, die Tumoren hervorrufen können und die Adventivviren enthielten.

**Seit 1983** wurden Kindern demnach $10^7$ inaktivierte Polio-Impfstoff dosen verabreicht, die auf Vero-Zellen kultiviert wurden. Es ist schwierig, die Auswirkungen auf lange Sicht zu erstellen, da klinische Versuche mit Produkten, die auf Zell-Linien hergestellt wurden, noch nicht lange genug durchgeführt werden.

**1984** hat das öffentliche Gesundheitsamt in Amerika eine

Arbeitsgruppe finanziert, die im öffentlichen Gesundheitsamt in Bethesda tagt. Gegenstand der Untersuchung waren die potentiellen Risiken, die mit der Zellverseuchung in biologischen Produkten einhergehen. D. h. 1. transformierende Proteine; 2. Viren; 3. DNS. Seitdem stehen diese drei verseuchenden Faktoren im Mittelpunkt aller Diskussionen über die Sicherheit der von Zell-Linien abstammenden Produkte.[4]

**1985** hat die WHO eine Versammlung von Experten einberufen, um die erforderlichen Bedingungen für eine Kennzeichnung von Zell-Linien zu revidieren.[5]

Die Besorgnis über die Sicherheit von Produkten, die von Zell-Linien abstammen, besteht weiterhin (...) Aufgrund dessen wurde im September 1985 erneut eine Experten-Versammlung einberufen, die die erforderlichen Bedingungen für die Herstellung des Hepatitis-B-Impfstoffes durch genetische Manipulationen und eine Verbindung der DNS revidieren sollte. Es wurde vorgeschlagen, eine besondere Untersuchungsgruppe zusammenzustellen, so daß eine unabhängige internationale Einschätzung des Problems vorgenommen werden kann.

(...) Die hauptsächliche Besorgnis galt den boshaften Risiken auf lange Sicht, die durch eine Verseuchung der heterogenen DNS[6] bestehen, insbesondere wenn in der DNS krebserregende oder regulierende virale Folgen enthalten sind.[7]

**1986** tagte eine Untersuchungsgruppe der WHO in Genf über die Verwendung von Zellsubstraten für die Herstellung von biologischen Substanzen. Es wurde beschlossen, daß Zell-Linien „im allgemeinen“ „annehmbare“ Substrate für die Herstellung von biologischen Substanzen sind. Der allgemeine „Eindruck“ aller Gruppen, die diese Frage untersucht haben, lautet:

> „Die Tatsachen, die für die Unschädlichkeit dieser Produkte sprechen, rechtfertigen ihre Verwendung, und dies unabhängig von den potentiellen Risiken, die zunächst vermutet wurden. Trotzdem kann mit unerwarteten Risiken gerechnet werden, so daß während der

> Behandlung eine langfristige Untersuchung von Gruppen, denen diese neuen Produkte verabreicht werden, vorgenommen werden soll."[8]

Die Realität einer solchen Untersuchung kann jedoch in Frage gestellt werden, da seit 1983 19 Millionen Dosen von auf Vero-Zellen kultiviertem inaktiviertem Polio-Impfstoff Kindern verabreicht wurden.

Eines der größten Probleme auf lange Sicht liegt im bösartigen Risiko einer verseuchten heterogenen DNS, insbesondere wenn sich herausstellt, daß sie verschlüsselte und regulierende oder potentiell krebserzeugende Folgen enthält.

Experten bestätigen, daß „dies um so beunruhigender ist, als zahlreiche gesunde Personen und vor allem Säuglinge mit Produkten geimpft werden, die von Zell-Linien abstammen".[9]

Dieselbe Expertengruppe hat alle potentiellen Risiken, die bei Empfängern von jenen Produkten auftreten können, die mit Adventivviren verseucht sind, dargestellt. Diese Zellen können in drei Risikogruppen unterteilt werden je nach den viralen Faktoren, die beim Menschen pathogen sind:

> „Hohes Risiko: Blutzellen oder Knochenmark von Menschen oder Primaten; Ziegen- oder Schafzellen; Hybridome, wenn wenigstens ein Element der Verschmelzung von Menschen oder Primaten stammt."

> „Mittleres Risiko: nicht hämatogene Säugetierzellen wie Fibroblaste oder Epithelzellen."

> „Schwaches Risiko: diploide menschliche Zell-Linien oder Zellen aus Vogelgewebe."

Selbstverständlich gibt es keine risikofreie Gruppe. Fast alle Zellarten werden für die Kultur von Impfviren verwendet.

All dies ist im Vergleich zu unseren Vermutungen von 1968 nur wenig beruhigend …

**Vom 26. bis zum 29. Mai 1988** fand in Virginia (USA) ein internationaler Kongreß statt, auf dem Zell-Linien, die als Substrate bei der Herstellung von biologischen Substanzen verwendet werden, untersucht wurden. Es wurde an folgendes erinnert:

> „Obwohl es sehr unwahrscheinlich ist, daß endogene Retroviren und retrovirenähnliche Partikel ein lebensbedrohendes Risiko für Menschen darstellen, bleibt die Möglichkeit weiterhin bestehen, so daß jegliche Verwendung von biologischen Substanzen beim Menschen eliminiert werden sollte. Unschädlichkeitstests sind nur dann ausreichend, wenn die Zellsubstrate kein retrovirusähnliches Partikel enthalten.“

Keerti V. Shah hat den geschichtlichen Verlauf der Verseuchung des Polio-Impfstoffs durch das SV 40 nachverfolgt und auf die Gefahren hingewiesen, die mit Virus-Impfstoffen einhergehen, die auf Primärzellen kultiviert werden:

> „Die größte Übertragungsquelle an den Menschen war die Polio-Impfung, die allein in den Vereinigten Staaten 98 Millionen Individuen verabreicht wurde, und das zu einer Zeit, als ein Teil der Impfstoffe durch das Virus verseucht war. Formol, das verwendet wurde, um das Polio- Virus zu inaktivieren, hat sich nicht als wirkungsvoll genug herausgestellt, um auch das SV 40 zu inaktivieren.“

Viruskulturen auf Zell-Linien werfen ebenfalls zahlreiche Probleme auf: „Die meisten normalen menschlichen Zellen sind gegen In-vitro-Verwandlungen oder -Immortalität beständig. Die Mehrzahl der zur Verfügung stehenden menschlichen Zell-Linien stammt von Tumoren ab.“[10]

> „Da Zell-Linien über ein unbegrenztes Wachstumspotential verfügen, besteht das Risiko, daß sie Viren, Nukleinsäuren oder Proteine erzeugen, die in der Lage sind, Umwandlungen hervorzurufen. (…)

Wenn Zell-Linien Viren erzeugen, muß jede Impfstoffprobe einzeln daraufhin überprüft werden, ob es sich bei dem produzierten Virus auch wirklich um das Virus handelt, das man produzieren wollte. Doch dieses Problem ist besonders schwer zu lösen, wenn die Natur des Virus unbekannt ist. Die Verwendung von menschlichen Zell-Linien wirft in bezug auf die transformierenden menschlichen Faktoren qualitativ einzigartige Fragen auf", bestätigt Gerald V. Quinnan jr. vom „Center for Biologics Evaluation and Research", Food and Drugs Administration, Rockville, USA.

Die hervorgebrachten Probleme veranlassen einige Beteiligte dazu, neue Anforderungen an die erforderlichen Bedingungen zu stellen. Wir befinden uns also immer noch in einer Phase, in der zwar Vorschläge gemacht werden, aber kaum Handlungen unternommen werden ... Die Sicherheit der Impfvirus-Kulturen ist ein illusorisches Ziel, denn die Tierarten, die in den Labors verwendet werden, enthalten zahlreiche Virustypen, die im Laufe der Jahre, nach und nach, entdeckt wurden. Nagetiere werden für den Menschen als unschädlich angesehen. Trotzdem:

„Die Tatsache, daß einige Nagetier-Viren als nicht auf den Menschen übertragbar angesehen wurden, bedeutet nicht, daß diese Viren sich nicht pathogen auswirken können, wenn sie versehentlich intravenös gespritzt werden oder wenn sie sich an Lymphozyten hängen, die nach einem In-vitro-Aufenthalt dem Patienten erneut eingespritzt werden."

P. Carthew erklärte im Mai 1988 auf dem gleichen Kongreß:

„Possible significance of rodent virus contamination of biological products for use in humans."

Es ist noch zu bemerken, daß der neue Impfstoff gegen Hepatitis B mit Hilfe von Viren hergestellt wird, die auf Eierstöcken des chinesischen Hamsters kultiviert werden (CHO-Zellen).

## Schlußfolgerung

1986 wies ein Forscher des National Cancer Institute darauf hin, daß es einige Jahre dauern könne, bis es möglich sei, alle Fragen zu beantworten, die hinsichtlich der potentiellen Risiken von Impfstoffbestandteilen gestellt würden. „Es besteht kein Grund dafür, daß wir in der Zwischenzeit alle Aktivitäten aufgrund von Hypothesen über das, was in 30 oder 40 Jahren geschehen könnte, einstellen“[11]

John C. Perticiani (WHO) berichtete im Jahre 1988 über die Ergebnisse der Arbeitsgruppe für biologische Substanzen: „Wenn man sich auf die heutigen Daten von Versuchen bezieht, kann festgestellt werden, daß kaum ein Risiko besteht, daß heterogene DNS ein abstammendes Produkt verseucht, wenn die DNS-Quantität kleiner oder gleich 100 Pictogramm pro verabreichter Dosis ist.“[12]

Da wir oft unfreiwillige Benutzer von Impfstoffen sind und uns um unsere Gesundheit sorgen, können wir folgenden Aussagen der Forscher nicht gelassen gegenüberstehen:
**„Einige Fragen hinsichtlich von Viren, DNS und Proteinen, die alle potentiell verseuchende Faktoren von biologischen Substanzen sind, bleiben unbeantwortet.“** Trotzdem bezeichnete die Arbeitsgruppe die „Verwendung von Zell-Linien als eindeutig vernünftig“.[13]

Vielleicht hat das Wort „vernünftig“ im Sprachgebrauch der Forscher nicht die gleiche Bedeutung wie im Sprachgebrauch der Benutzer!

[1] „Changing attitudes and actions governing the use of continuous cell lines for the production of biologicals“, John Perticiani (WHO), in „Animal Cell Technology“, Bd.3,1988

[2] op. cit.

[3] op. cit.

[4] op. cit.

[5] op. cit.

[6] DNS einer anderen Natur

[7] op. cit.

[8] „Verwendung von Zellsubstraten bei der Herstellung von biologischen Substraten", Bericht der WHO-Arbeitsgruppe, 18.–19. November 1986, WHO 1987

[9] op. cit.

[10] op. cit.

[11] Harry A. Feldman, Département de Médecine Préventive, Universität New York, in *Monographie Nr. 29,* National Cancer Institute

[12] John Perticiani, op. cit., 1988

[13] op. cit.

10. Kapitel

# Impfstoffe der Zukunft

„Impfungen gegen Infektionskrankheiten sind zu einem der großen Erfolge der modernen Medizin geworden. Es sollte aber nicht vergessen werden, daß diese Impfungen wenig wirksam sind." Mit dieser Feststellung beginnt ein Artikel in *La Recherche,* der im Mai 1987 veröffentlicht wurde.

„Der spezifische Schutz durch Impfungen ist insbesondere im Fall der Antivirusimpfstoffe sehr relativ", heißt es in der Septemberausgabe 1986 der Zeitschrift *Pour la Science.*

Äußerst selten wirksam, wenig sicher, manchmal durch fremde Viren verseucht: die schlechte Qualität der Impfstoffe wird uns heute nicht mehr verheimlicht, auch wenn uns früher jahrelang ihre hervorragenden Eigenschaften gepriesen wurden! Ein neuer, äußerst lukrativer Markt schreibt alle herkömmlichen Impfstoffe als veraltet ab.

Die synthetischen oder künstlichen Impfstoffe enthalten nur kleine, durch chemische Synthese hergestellte Moleküle, die nur das besondere Antigen enthalten, gegen das immunisiert werden soll. Bei diesem Verfahren werden keine ganzen Mikrobenkörper verwendet, die bisher für die anormalen Impfreaktionen verantwortlich gemacht wurden.

Trotzdem erfüllen sie nicht die Erwartungen, die die Forscher in sie gesetzt hatten. Diese Impfstoffe sind nur wenig wirksam, und um ihre Wirksamkeit zu verstärken, müssen Substanzen (Immunitätsadjuvantien) hinzugefügt werden, die nicht spezifisch die Immunabwehr stimulieren. Unglücklicherweise sind die meisten dieser Adjuvantien für den Menschen schädlich. Deshalb wendet man sich gegenwärtig der Entwicklung hybrider, lebender Impfstoffe zu.

Das Prinzip dieser Impfstoffe beruht auf der Klonierung eines Antigens (Tollwutvirus, Hepatitis-B-Virus, AIDS-Virus) in einem Virusvektor, insbesondere dem Impfstoffvektor, dem Herpesvektor oder einem Bazillus wie dem Koch-Bazillus gegen Tuberkulose.

Die hybriden Viren sind Chimären, die sich spontan in der Zelle reproduzieren, die vom Impfstoffvirus oder von dem Gen, das mit dem Impfstoff in Verbindung war, infiziert wurde.

Diese Technik hat in wissenschaftlichen Kreisen ein wahres Protestgeschrei ausgelöst, und die Experimente, die in Argentinien gemacht wurden, als Kühe mit diesem Impfstofftyp gegen Tollwut geimpft wurden, ohne daß eine Erlaubnis dazu eingeholt worden war, haben das Problem eventueller ökologischer Auswirkungen aufgeworfen. Ein wissenschaftliches Team in Texas hat bei einem Versuch Schweinen Impfstoffe gegen die Pseudotollwut dieser Tiere verabreicht, die durch Gentechnologie entstanden waren. Niemand kann die Entwicklung dieser chimärischen Organismen im Organismus des Geimpften oder in seiner Umgebung vorhersehen.

Die WHO hat gegen den Gebrauch des Vakzinvirus protestiert und an die neurologischen Schäden erinnert, die dieses Virus hervorrufen kann. Wie wir in den vorherigen Kapiteln gesehen haben, ist dies aber nicht das einzige Risiko.

Diese Impfstoffe dürfen Patienten, die ein geschwächtes Immunsystem haben, sowie Trägern des AIDS-Virus nicht verabreicht werden, weil in der Folge allgemeine Impfkrankheiten wie die vakzinale Gangrän ausbrechen können oder das AIDS-Virus stimuliert wird, was zum Ausbruch der Krankheit führen kann. Einige Wissenschaftler nehmen an, daß sich das Impfprotein (Tollwut-, Hepatitisvirus etc.) selbst dann schädlich auswirken kann, wenn es im Vakzinvirus eingeschlossen ist. Aber es gibt noch schlimmere Folgen. In der Zeitschrift *Science* vom 7. November 1986 wurde berichtet, daß eine tiefgreifende Untersuchung, die Forscher der mikrobiologischen und immunologischen Abteilung der Universität Los Angeles durchgeführt haben, zu dem Schluß führte, daß zwei gemeinsam injizierte nichtvirulente Herpes-simplex-Viren in vivo eine Verbindung eingehen und tödliche Kombinationen erzeugen:

> „Während weitgehend bekannt ist, daß eine Impfung mit einem virulenten Virus die Krankheit bei einem Tier auslösen kann, konnte bislang nicht nachgewiesen werden, ob eine Impfung mit

verschiedenen nichtvirulenten Viren aufgrund ihrer Verbindung oder Kombination eine Krankheit auslösen kann. Bei dem Versuch haben wir **gleichzeitig zwei** Herpes-simplex-Virusstämme vom Typ HSV-1 mit geringer Fähigkeit, ins Nervensystem einzudringen, in die Bällchen der Mäusepfoten gespritzt. 62% der Mäuse starben, während die Mäuse, die eine entsprechende Dosis oder die hundertfache Dosis eines **einzigen** dieser Virusstämme erhalten hatten, überlebten.

Von den 14 Viren, die im Hirn von zehn Mäusen isoliert wurden, die kurz nach der Injektion des Gemisches aus den beiden Virusstämmen mit geringer Nervenschädigungskraft gestorben waren, waren elf Viren neue Kombinationen; drei davon haben sich als tödlich erwiesen, als sie erneut anderen Mäusen in die Pfoten injiziert wurden.

**Wenn eine Mischung dieser beiden nichtvirulenten Viren injiziert wird, erhöht sich die krank machende Wirkung mindestens um das Hundertfache.**

Unsere Untersuchung hat also ergeben, daß zwei nichtvirulente HSV-1-Stämme in vivo in Interaktion treten und neue virulente Viruskombinationen erzeugen, die eine tödliche Infektion auslösen können. (…) Soweit wir wissen, **ist es das erstemal, daß der Nachweis erbracht wurde, daß bei einer Injektion von zwei nichtvirulenten Viren bei Tieren diese im Inneren der Mischung interagieren und somit eine Krankheit auslösen.“** **(Siehe Bemerkung S. 140)**

Dies bestätigt frühere Beobachtungen:

„Durch Kombination eines inoffensiven Pavianvirus und eines inoffensiven Mäusevirus haben Biologen einen Bastard geschaffen, der nicht nur bei Pavianen und Mäusen, sondern auch bei Hunden, Schimpansen und in menschlichen Zellkulturen Krebs auslöst.“

*(Science et Vie,* Juni 1979)

Bereits 1965 hat Maria-Luisa Duran-Raynals in ihrer Doktorarbeit (Doktorvater und Vorsitzender der Prüfungskommission: Nobelpreisträger Prof. A. Lwoff) bestätigt, daß Krebs möglicherweise von gewöhnlich nichtkrebserzeugenden Viren erzeugt wird und daß infektiöse Viren ohne krebserzeugende Eigenschaften unter gegebenen Bedingungen bei Mensch und Tier Krebs erzeugen können.

Weiterhin hat sie beobachtet, daß dieselben Viren bei verschiedenen Wirten entweder akute oder krebserzeugende Auswirkungen haben können, die im letzteren Fall von vorübergehender Wucherung bis zur Bösartigkeit reichen oder die auf unbestimmte Zeit im Organismus latent bleiben können.

Rous und Kidd zufolge können diese latenten Viren durch krebserregende Substanzen aktiviert werden.

> „Diese Ergebnisse zeigen, wie empfindlich das Gleichgewicht zwischen den Wechselwirkungen und folgenden drei Faktoren ist:
> 1. hormonale Einflüsse,
> 2. virale Infektionen,
> 3. Auswirkungen von chemischen krebserregenden Substanzen.
>
> Wenn diese drei Faktoren unter bestimmten Bedingungen (Art der Verabreichung und jeweilige Menge) dem Wirt zugeführt werden, können diese aufgrund ihrer oft unerbittlichen Eigenschaften zum Staunen reizenden Mittel den Wirt zerstören."

Wir wissen heute, daß sie durch andere Viren, durch physikalische oder chemische Substanzen oder durch eine Verschlechterung der Immunabwehr aktiviert werden können.

Francisco Duran-Raynals hatte bereits 1950 geäußert, daß es keinen spezifischen Unterschied zwischen krebserzeugenden und nichtkrebserzeugenden Viren gibt und daß demzufolge auch nichtkrebserzeugende Viren unter für sie günstigen Bedingungen Krebs erzeugen können.

> „Diesen Arbeiten zufolge ist es offensichtlich unmöglich, vorauszusagen, ob ein bestimmtes Virus Krebs erzeugen kann oder nicht, wobei die jedem Virus zugehörigen Eigenschaften zweifellos den Umfang seiner Auswirkungen bestimmen. Die dem Wirt innewohnenden Eigenschaften scheinen hingegen die Art der Auswirkungen in einem bestimmten System und deren Grenzen zu bestimmen."

Unter den von F. und M.-L. Duran-Raynals untersuchten Viren nimmt das Vakzinvirus eine vorrangige Stellung ein.

> „Die natürliche Geschichte der viralen Krebserkrankung kann – wenn wir uns diesen Vergleich erlauben dürfen – mit einer Verwechslungskomödie verglichen werden, deren Bedeutung erst verstanden wird, wenn die wahre Identität der Personen enthüllt wird.
> Bei der viralen Krebserkrankung spielen die „Pox"-Viren (z. B. Vacciniavirus) fast alle Rollen, und oft spielt das Virus so unterschiedliche Rollen, daß es – außer durch die Anwendung erst kürzlich entwickelter Mittel – unmöglich ist, es in seiner jeweiligen Verkleidung zu erkennen."[1]

Folgende beängstigende Aussage stammt von Maria-Luisa Duran-Raynals:

> „Es ist also gut möglich, daß die Pockenimpfung *‚das* große Experiment' ist, dessen Folgen wesentlich schwerwiegender sind, als man angenommen hatte."

Damit wird auf die Rolle angespielt, die die Pockenimpfung möglicherweise bei zahlreichen viralen Erkrankungen, unter anderen Krebs, Leukämie und AIDS, für die gesamte Menschheit gespielt hat.

Die Verwendung des Vacciniavirus in den durch Genmanipulation erzeugten Impfstoffen wird die seit mehreren Generationen verbreitete Kontaminierung nur fortsetzen und verstärken.

Die im Vacciniavirus geklonten Viren bergen dieselben potentiellen Gefahren, auch wenn sie selbst nicht virulent sind, weil sie sowohl mit ihrem Wirtvacciniavirus als auch mit anderen nichtvirulenten im Organismus vorhandenen oder durch andere Impfungen eingebrachten Viren neue Kombinationen eingehen können.

Wir konnten der oben zitierten Studie über die tödliche Kombination von gemeinsam injizierten verschiedenen

Herpesviren entnehmen, daß dieses Risiko eine bedrohliche Realität ist.

Es ist bekannt, daß das AIDS-Virus durch die Präsenz anderer Viren wie des Vaccinia-, Herpes- oder Windpockenvirus aktiviert wird. Was soll man **zu Wissenschaftlern** sagen, die einen Impfstoff durch Klonierung des AIDS-Virus im Vacciniavirus erzeugen?

Die durch Genmanipulation erhaltenen Viren bergen schlimme potentielle Risiken, insbesondere wenn sie z. B. bei einem Krieg mit biologischen Waffen eingesetzt werden, wie Dr. Louria, Professor an der medizinischen Universität von New Jersey, dargelegt hat.

Diese Zukunftsaussichten und Folgen erklären, warum wir seit der Gründung unserer Liga, der Ligue Nationale pour la Liberté des Vaccinations (Nationale Liga für Impffreiheit), vor diesen Gefahren eindringlich warnen.

**Bemerkung zu Seite 137**

Dieser „Nachweis" erklärt sämtliche Virusimpfstoffkombinatione n als verbrecherische Handlung, oder man muß die Tierversuche selbst als irreführend und unwissenschaftlich aufgeben. Wie schreibt doch der mutige Medizinprofessor Dr. Pietro Croce in seinem Buch TIERVERSUCH ODER WISSENSCHAFT zum Thema Tierversuche:

> „Mit anderen Worten, es genügt zu wissen, welche Tierart man wählen muß, um zum Resultat 'weiß' oder 'schwarz' zu gelangen, 'schön' oder 'schlecht', 'hoch' oder 'tief', ganz nach Wunsch. Diese Art Wissenschaft läßt sich kneten wie Brotteig. Das Schlimme dabei ist nur, daß man den Anschein erwecken will, man könne aus demselben Brotteig auch die menschliche Gesundheit herstellen.
>
> Es sollte nicht schwer sein, auch für den unerfahrenen Laien, aus den angeführten Beispielen eine grundlegende Erkenntnis abzuleiten: Wenn die Tiere sich derart anders als die Menschen verhalten, wie soll es dann möglich sein, Medikamente an ihnen zu testen, die für den Menschen bestimmt sind?"

[1] *Effets néoplasiques du virus vaccinal,* Maria-Luisa Duran-Raynals, Universität Paris, 1965

# Zusammenfassung

Durch Impfungen wird das empfindliche ökologische Gleichgewicht unseres Organismus schwer gestört.

Diese Störungen kommen bei jedem Menschen anders zum Ausdruck, denn jeder Mensch ist eine besondere biologische und psychische Einheit, die auf verschiedene Weisen auf Angriffe reagiert.

Wir haben vergeblich versucht, *einen* bestimmten Impfschaden festzustellen, und noch vergeblicher waren unsere Bemühungen, *einen* bestimmten Reaktionstyp auf Impfungen festzulegen. Reaktionen können sofort auftreten, insbesondere wenn sie allergischer Art sind oder wenn sich der Patient vorübergehend in einer gesundheitlich schlechten Verfassung befindet, was selten der Fall ist. Impfschäden sind den großen Proteinen, den Verdünnungsmitteln und den Immunitätsstimulantien zuzuschreiben. Die Laboratorien behaupten, Impfstoffe sicherer zu machen.

Aber schleichende Schäden im Inneren unserer Zellen sind unheilbar. Sie treten erst Jahre später oder sogar erst bei den Nachkommen der Geimpften auf und nehmen unterschiedlichste Formen an.

Die wiederholte Injektion von Immunstimulantien verstärkt exponentiell das Ungleichgewicht. Die Person wird geschwächt, und es treten neue Krankheiten auf, denen wir machtlos gegenüberstehen.

Die Einführung fremder Proteine in den genetischen Code einer Gattung führt zu schweren Störungen. Es ist keine Science-fiction, wenn wir uns fragen, welche Änderungen nach der Aufnahme und Übertragung dieser neuen genetischen Informationen von Affen-, Kuh-, Hühner- oder Mäusezellen in unserem eigenen genetischen Code entstehen.

Bisher haben wir nur einen sehr schwachen Eindruck von

dem unglaublichen Preis, den die Menschheit für die wiederholten und seit vielen Jahrzehnten systematisch durchgeführten Impfungen eines Tages zahlen muß.

Die nahe Zukunft wird uns das ganze Ausmaß enthüllen. Es ist heute für die Gesundheit unserer Kinder und der gesamten Menschheit von lebenswichtiger Bedeutung, daß die Impfpolitik der Massenkampagnen zur „universellen Impfung“ eingestellt wird.

Untersuchungen über das HLA-System (Human Leucocyte Antigens) zeigen, daß bestimmte Personen besonders für eine Krankheit anfällig sind, oder auch das Gegenteil, daß sie natürliche Abwehrkräfte gegen sie haben.

Diese Perspektive sollte dahin führen, daß jeder eine auf ihn persönlich abgestimmte Behandlung bekommt. Denn angesichts dieser Arbeiten sind systematische Massen-impfungen nicht vertretbar.

Simone Delarue

ANHANG FÜR DIE
DEUTSCHE AUSGABE

# Impfschäden in Deutschland

# und

# der Seuchenverlauf in der Statistik

**von Dr. med. Gerhard Buchwald**

# Impfschäden in Deutschland

Vortrag, gehalten von Dr. Buchwald anläßlich des internationalen Kongresses der „Ligue Nationale pour la Liberté des Vaccinations" am 1. Oktober 1988 in Paris

Nach den Vorschriften des Reichsimpfgesetzes aus dem Jahre 1875 mußten in Deutschland alle Kinder bis „zum Ablauf des auf ihr Geburtsjahr folgenden Kalenderjahres" geimpft sein. Eine zweite Impfung war im 12. Lebensjahr vorgeschrieben. Dieses Gesetz wurde 1983 aufgehoben. Es ist in meinem Land heute nicht mehr möglich, Menschen zu einer Impfung zu zwingen. Dafür haben wir indirekten Impfzwang: Es wurden sogenannte Vorsorgeuntersuchungen eingeführt, d. h., in bestimmten Zeitabständen können neugeborene Kinder auf Kosten der Krankenkassen von den Kinderärzten untersucht werden. Der Bevölkerung wurde suggeriert, es handele sich um eine gesundheitliche Vorsorgemaßnahme, und fast alle Mütter machen davon Gebrauch. In Wirklichkeit handelt es sich um eine enge Bindung an den Kinderarzt zur Durchführung der Impfpläne. Inzwischen glauben die Mütter, Impfungen des von der STIKO (Ständige Impfkommission beim Bundesgesundheitsamt) herausgegebenen Impfplanes seien eine Pflicht. Der Impfplan beginnt mit der BCG-Impfung, die – ohne daß die Eltern gefragt werden – sofort nach der Geburt durchgeführt wird. Ab dem 3. Lebensmonat folgen Impfungen gegen Diphtherie, Keuchhusten, Tetanus (DPT) und Polio, im 15. Lebensmonat die Masern-Mumps-Röteln-Impfung. Diese Impfungen müssen im Abstand von ein bis zwei Monaten dreimal verabreicht werden. Ab dem 7. Lebensjahr erfolgen die entsprechenden Auffrischimpfungen.

Impfschäden hat es bereits im 18. Jahrhundert gegeben, nur wurde damals die Schädigung nicht der Impfung angelastet, sondern dem Arzt. Es hieß bei der Bevölkerung: „Bei Dr. X werden die Kinder nach der Impfung blöd", oder:

„Bei Dr. Y kriegen die Kinder nach der Impfung Krampfanfälle."

Bereits damals bestand der Verdacht, daß Impfungen Hirnschäden auslösen können. Der erste in Deutschland amtlich gemeldete Fall einer solchen Hirnschädigung wurde 1912 in Frankfurt/Main beobachtet; ein $1^{1}/_{2}$jähriges Mädchen erkrankte zwölf Tage nach der Impfung fieberhaft mit Krämpfen ohne Lähmungen, es verblödete später. Alle danach bekanntgewordenen Impfzwischenfälle sind von der Schulmedizin abgestritten worden; auch noch, nachdem Prof. Luksch, Pathologe an der Universität in Prag, in mehreren wissenschaftlichen Arbeiten den Beweis für den ursächlichen Zusammenhang solcher Hirnschäden mit einer vorangegangenen Impfung erbrachte. Lucksch veröffentlichte zwischen 1924 und 1927 mehrere Arbeiten und nannte die durch die Pockenimpfung verursachte Hirnschädigung „postvakzinale Enzephalitis" (pvE). Seit dieser Zeit kann das Vorkommen von Hirnschäden als Folge der Pockenimpfung zwar nicht mehr bestritten werden, es wird aber argumentiert, es sei ein sehr seltenes Ereignis.

Im Kaiserreich wurden Impfungen vorwiegend von den staatlichen Gesundheitsämtern durchgeführt. Da diese straff organisiert waren, mußten alle Impfzwischenfälle dem damaligen Kaiserlichen Gesundheitsamt in Berlin gemeldet werden. Diese Meldepflicht blieb bestehen, als aus dem Kaiserlichen Gesundheitsamt das Reichsgesundheitsamt und später das Bundesgesundheitsamt wurde. Somit muß diese Behörde über eine fast lückenlose Liste aller seit 1875 in Deutschland durch Impfungen getöteten Personen verfügen. Zahlen sind niemals veröffentlicht worden. Ich habe mehrfach versucht, diese Zahlen zu erhalten, stets wurde meine Bitte mit dem Hinweis auf ärztliche Schweigepflicht abgelehnt.

Nachdem zunehmend bekannt wurde, daß Hirnschäden nach Impfungen auftreten können, haben von einem solchen Ereignis betroffene Eltern Gerichtsprozesse gegen den Staat geführt.

Sie sind vom Reichsgericht in Leipzig ohne Ausnahme mit der Begründung abgelehnt worden, es handele sich um ein Opfer, das der einzelne im Interesse der Allgemeinheit zu bringen habe. Fast 80 Jahre lang haben das Reichsgericht in Leipzig und zunächst auch der Bundesgerichtshof in Karlsruhe an dieser Auffassung festgehalten. Alle Klagen wurden abgewiesen. Im Jahre 1953 aber erließ der Bundesgerichtshof in Karlsruhe ein Urteil, in dem er erstmalig eine Entschädigungspflicht des Staates anerkannte. Dieses Urteil führte dazu, daß die Bundesländer verschieden formulierte Impfschadensgesetze erlassen mußten, die wegen ihrer Unterschiedlichkeit und Ungerechtigkeit entsprechenden Ärger verursachten. Die Prozesse wurden vor ordentlichen Gerichten geführt, und von diesen Gerichten wurde wegen des bei den ordentlichen Gerichten üblichen Grundsatzes „in dubio pro" („im Zweifel für") in vielen Fällen ein erlittener Schaden als „entschädigungspflichtiger Impfschaden" anerkannt. Im Jahre 1971 wurde die Entschädigung Impfgeschädigter einheitlich durch das sogenannte „zweite Gesetz zur Änderung des Bundes-Seuchengesetzes vom 25. August 1971" geregelt. Damit wurden gerichtliche Auseinandersetzungen den ordentlichen Gerichten entzogen und den Sozialgerichten übertragen. Dies erbrachte einerseits zwar eine einheitlichere Handhabung, andererseits aber wurden die Anerkennungen wegen anderer Grundsätze der Sozialgerichte wesentlich erschwert. In der Sozialgerichtsbarkeit ist nämlich der Antragsteller „beweispflichtig". Das heißt, ein Kind, das nicht sprechen kann, bzw. die Eltern dieses Kindes müssen beweisen, daß die Impfung und nur die Impfung Ursache seiner Schädigung ist. Als Gegner haben das Kind und seine Eltern den ganzen ablehnungserfahrenen Apparat der Versorgungsbehörden, die Ärzte der Gesundheitsämter, die Impfanstaltsleiter, die Hochschulmedizin, die Kinderärzte – kurz, der Antragsteller steht allein – die ganze Medizin hat er gegen sich.

Die Entschädigungen nach einem Impfschaden sind

gesetzlich geregelt. Die entsprechenden Bestimmungen finden sich in den §§ 51 und 52 des Bundes-Seuchengesetzes. Das Gesetz regelt zunächst Fragen der Anerkennung eines Leidens als „entschädigungspflichtiger Impfschaden" und besagt, daß für Entschädigungsleistungen die Bestimmungen der Kriegsopferfürsorge maßgeblich sind. Damit werden auch die A nerkennungsbestimmungen, wie sie in der Kriegsopferfürsorge üblich sind, zur Anerkennung von Impfschaden gültig. Diese Anerkennungskriterien finden sich in der Broschüre „Anhaltspunkte für die ärztliche Gutachtertätigkeit im sozialen Entschädigungsrecht und nach dem Schwerbehindertengesetz, Ausgabe 1983", herausgegeben vom Bundesminister für Arbeit und Sozialordnung. Die Anhaltspunkte wurden nun um das Kapitel „Impfschaden" erweitert, die entsprechenden Ausführungen finden sich hier in den Punkten 56 und 57.

Hat nun eine betroffene Familie nach langwierigen Kämpfen und Verhandlungen die Anerkennung des Zustandes ihres Kindes als „entschädigungspflichtiger Impfschaden" erkämpft, so erfolgen die Entschädigungsleistungen in der gleichen Höhe, wie sie für Kriegsbeschädigte gewährt werden. Die entsprechenden Richtlinien finden sich im Bundesversorgungsgesetz, das aus 92 Paragraphen und zahlreichen Durchführungsverordnungen besteht.

Es ist selbstverständlich, daß bei einem so komplizierten Anerkennungsverfahren der größte Teil der eingereichten Anträge abgelehnt wird. Den Eltern bleibt dann noch der Weg einer Klage vor den Sozialgerichten übrig, und auch dieser Weg führt nur in seltenen Fällen zu einem positiven Ergebnis aus Gründen der weiter oben bereits aufgeführten Grundsätze vor den Sozialgerichten. Die Richter der Sozialgerichte sind weiterhin auf die Sachverständigengutachten angewiesen, und hier dürfte verständlich sein, daß alle Ärzte, die selbst impfen und an Impfungen verdienen, kaum in der Lage sind, objektive Gutachten zu erstatten. Prof. Georg Dick drückte das in der Fachzeitschrift Brit. med. Jour. (17. Juli 1971) folgendermaßen aus: „... and few doctors like to attribute a death or complication to a procedure which they have recommended and in which they believe.“ (D. h.: „Nicht viele Ärzte neigen dazu, einen Todesfall oder eine Komplikation einer Methode anzulasten, die sie selbst empfohlen haben und an die sie glauben.“)

Die folgende Tabelle zeigt die Impfschadensstatistik des Jahres 1991 mit Stichtag 31. Dezember 1991.

Impfschadensstatistik Deutschlands (alte und neue Bundesländer) für das Jahr 1991.
Stichtag: 31.12.1991

| Bundesland | eingereichte Anträge | abgelehnte Anträge | anerkannte Fälle | unerledigte Anträge | aus sonstigen Gründen erled. Antr. |
|---|---|---|---|---|---|
| Bremen | 0 | 0 = 0 % | 0 = 0 % | 0 | 0 |
| Saarland | 2 | 1 = 50 % | 0 = 0 % | 0 | 1 |
| Hamburg | 6 | 7 = 116 % | 0 = 0 % | 3 | 0 |
| Mecklenburg-Vorpommern | 39 | 2 = 5 % | 4 = 10 % | 72 | 0 |
| Schleswig-Holstein | 6 | 7 = 116 % | 6 = 100 % | 7 | 0 |
| Brandenburg | 156 | 7 = 12 % | 4 = 7 % | 200 | 11 |
| Thüringen | 44 | 0 = 0 % | 0 = 0 % | 37 | 7 |
| Sachsen-Anhalt | 18 | 0 = 0 % | 0 = 0 % | 18 | 0 |
| Berlin (West) | 4 | 2 = 50 % | 0 = 0 % | 5 | 0 |
| Berlin (Ost) | 71 | 3 = 4 % | 5 = 7 % | 53 | 15 |
| Rheinland-Pfalz | 14 | 11 = 78 % | 2 = 14 % | 16 | 0 |
| Sachsen | 296 | 8 = 3 % | 98 = 33 % | 190 | 0 |
| Hessen | 12 | 10 = 83 % | 2 = 16 % | 29 | 0 |
| Niedersachsen | 18 | 13 = 72 % | 3 = 16 % | 29 | 6 |
| Baden-Württemberg | 42 | 41 = 97 % | 4 = 9 % | 29 | 12 |
| Bayern | 38 | 15 = 39 % | 10 = 26 % | 69 | 5 |
| Nordrhein-Westfalen | 51 | 39 = 76 % | 7 = 13 % | 51 | 6 |
| Deutschland | 829 | 166 = 20 % | 145 = 17 % | 808 | 63 |

Quelle: Landesversorgungsämter

Die Tabelle zeigt links die 16 Bundesländer. Die erste Spalte zeigt die eingereichten Anträge. Die zweite Spalte zeigt die Anzahl der abgelehnten Anträge, und die dritte Spalte zeigt die Anzahl der anerkannten Anträge.

Betraf die erste Tabelle nur das Jahr 1991, so zeigt die nächste Tabelle die Verhältnisse seit Inkrafttreten des zweiten Gesetzes zur Änderung des Bundes-Seuchengesetzes.

Anzahl der bei den Versorgungsämtern Deutschlands eingereichten Anträge, ein bestehendes Leiden als »entschädigungspflichtigen Impfschaden« anzuerkennen. Stichtag: 31.12.1991

| Bundesland | Einwohnerzahl | Anzahl der eingereichten Anträge | 1 Impfschaden pro Einw. |
|---|---|---|---|
| Bremen | 674 000 | 82 | 8 000 |
| Saarland | 1 065 000 | 205 | 5 000 |
| Hamburg | 1 626 000 | 201 | 8 000 |
| Mecklenburg-Vorpommern | 1 964 000 | 90 | 21 000 |
| Schleswig-Holstein | 2 595 000 | 617 | 4 200 |
| Brandenburg | 2 641 000 | 175 | 15 000 |
| Thüringen | 2 684 000 | 80 | 33 000 |
| Sachsen-Anhalt | 2 965 000 | 840 | 3 500 |
| Berlin | 3 410 000 | 675 | 5 000 |
| Rheinland-Pfalz | 3 702 000 | 553 | 6 500 |
| Sachsen | 4 901 000 | 371 | 13 200 |
| Hessen | 5 661 000 | 1 111 | 5 000 |
| Niedersachsen | 7 284 000 | 449 | 16 000 |
| Baden-Württemberg | 9 619 000 | 1 362 | 7 000 |
| Bayern | 11 221 000 | 1 594 | 7 000 |
| Nordrhein-Westfalen | 17 104 000 | 2 245 | 7 600 |
| Deutschland | 79 113 000 | 10 650 | 7 500 |

Quelle: (Einwohnerzahlen:) Statistisches Jahrbuch 1991; (Impfschadensfälle:) Landesversorgungsämter

Diese Tabelle zeigt die insgesamt bis zum 31.12.1991 bei den 16 Landesversorgungsämtern eingereichten Anträge. Es waren 10 650.

Anzahl der bei den Versorgungsämtern Deutschlands abgelehnten Anträge, ein bestehendes Leiden als »entschädigungspflichtigen Impfschaden« anzuerkennen. Stichtag: 31.12.1991

| Bundesland | Einwohnerzahl | Anzahl der abgelehnten Anträge | Prozentzahl der Ablehnungen |
|---|---|---|---|
| Bremen | 674 000 | 45 | 54 |
| Saarland | 1 065 000 | 125 | 60 |
| Hamburg | 1 626 000 | 158 | 78 |
| Mecklenburg-Vorpommern | 1 964 000 | 2 | 2 |
| Schleswig-Holstein | 2 595 000 | 334 | 54 |
| Brandenburg | 2 641 000 | 2 | 1 |
| Thüringen | 2 684 000 | 0 | 0 |
| Sachsen-Anhalt | 2 965 000 | 0 | 0 |
| Berlin | 3 410 000 | 574 | 85 |
| Rheinland-Pfalz | 3 702 000 | 288 | 52 |
| Sachsen | 4 901 000 | 8 | 2 |
| Hessen | 5 661 000 | 658 | 59 |
| Niedersachsen | 7 284 000 | 321 | 71 |
| Baden-Württemberg | 9 619 000 | 984 | 72 |
| Bayern | 11 221 000 | 898 | 53 |
| Nordrhein-Westfalen | 17 104 000 | 1 737 | 77 |
| Deutschland | 79 113 000 | 6 134 | 57 |

Quelle: (Einwohnerzahlen:) Statistisches Jahrbuch 1991; (Ablehnungen:) Landesversorgungsämter

Von den 10650 eingereichten Anträgen wurden insgesamt 6134 (57 %) abgelehnt.

Anzahl der bei den Versorgungsämtern Deutschlands anerkannten Anträge, ein bestehendes Leiden als »entschädigungspflichtigen Impfschaden« anzuerkennen. Stichtag: 31.12.1991

| Bundesland | Einwohnerzahl | Anzahl der anerkannten Anträge | 1 Impfschaden pro Einw. |
|---|---|---|---|
| Bremen | 674 000 | 32 = 39 % | 20 000 |
| Saarland | 1 065 000 | 55 = 26 % | 19 000 |
| Hamburg | 1 626 000 | 86 = 42 % | 18 000 |
| Mecklenburg-Vorpommern | 1 964 000 | 4 = 4,4 % | 491 000 |
| Schleswig-Holstein | 2 595 000 | 247 = 40 % | 10 000 |
| Brandenburg | 2 641 000 | 4 = 2,2 % | 660 000 |
| Thüringen | 2 684 000 | 0 – | – |
| Sachsen-Anhalt | 2 965 000 | 0 – | – |
| Berlin | 3 410 000 | 91 = 13 % | 20 000 |
| Rheinland-Pfalz | 3 702 000 | 176 = 32 % | 20 000 |
| Sachsen | 4 901 000 | 114 = 31 % | 43 000 |
| Hessen | 5 661 000 | 324 = 29 % | 17 000 |
| Niedersachsen | 7 284 000 | 280 = 62 % | 25 000 |
| Baden-Württemberg | 9 619 000 | 473 = 34 % | 19 000 |
| Bayern | 11 221 000 | 403 = 25 % | 27 000 |
| Nordrhein-Westfalen | 17 104 000 | 560 = 25 % | 29 000 |
| Deutschland | 79 113 000 | 2 849 = 26,7 % | 27 700 |

Quelle: (Einwohnerzahlen:) Statistisches Jahrbuch 1991; (Impfschadensfälle): Landesversorgungsämter

Die letzte Tabelle zeigt Ihnen die Anzahl der in der BR Deutschland vom Staat anerkannten Impfschadensfälle, es sind 2849. Eine Größenordnung, die der Einwohnerzahl vieler deutscher Kleinstädte entsprechen dürfte.

Stellen Sie sich irgendeine deutsche Kleinstadt vor, und stellen Sie sich vor, daß diese Stadt nur aus gelähmten, von Krämpfen geschüttelten, geistig behinderten Menschen besteht, von denen kaum einer richtig sprechen kann. Dann haben Sie einen Eindruck von dieser Größenordnung.

Gewiß, für ein Volk von 80 Millionen Einwohnern sind das nicht viele, aber es sind immerhin so viele, daß sich vielleicht soch son mancher Arzt unangenehm an den alten arztlichen Grundsatz „Primum nil nocere“ erinnert fühlen könnte - und deshalb müssen diese Schäden totgeschwiegen und abgestritten werden.

Warum? Weil es das Geschäft stören würde! Um zu zeigen, in

welchen Größenordnungen sich das Impfgeschäft bewegt, folgt eine Tabelle über die von den deutschen Gesundheitsämtern von 1970 bis 1980 durchgeführten Impfungen.

Es gibt somit in Deutschland 2849 Menschen, denen durch eine Impfung ein schwerer Schaden zugefügt wurde *und* denen dieses amtlich bestätigt wurde. Im statistischen Mittel haben je 25.000 Einwohner für einen Impfgeschädigten aufzukommen. An diese Bürger wird aus Staatsmitteln eine lebenslange Rente gezahlt. Ein solcher „anerkannter" Impfschaden kostet die Allgemeinheit, wenn er sich (wie üblich) im ersten oder zweiten Lebensjahr ereignet und der (oder die) Geschädigte 70 Jahre alt wird, nach heutigem Rentenstand bei einer Minderung der Erwerbsfähigkeit (MdE) von 100% berechnet, etwa 4 Millionen DM lebenslänglicher Rentenzahlung. Die Versorgung aller Impfgeschädigten kostet die Staatskasse und damit den Steuerzahler somit die Summe von ca. zehn Milliarden DM. Trotzdem wird von offiziellen amtlichen Seiten behauptet, bei den nach Impfungen aufgetretenen Impfschaden handele es sich um „verschwindende Minimalzahlen, die hingenommen werden könnten".

Impfbedingte Hirnschäden werden – wenn ein Kind im l. oder 2. Lebensjahr davon betroffen wird – als „blande postvakzinale Enzephalopathie“ (bpvEp) bezeichnet. Bei Kindern aber, welche zum Impfzeitpunkt älter als drei Jahre waren, heißt die medizinische Diagnose „postvakzinale Enzephalitis“ (pvE).

Nun gibt es doch keine Zweifel, daß nach Impfungen auftretende Schäden nicht nach dem grundsätzlichen Gegensatz

a) völlige Ausheilung,

b) Ausgang in Enzephalopathie (d.h. schwerste Schädigung mit Idiotie, Epilepsie und Lähmungen)

verlaufen, sondern daß es dazwischen gelegene Übergangsformen geben muß. Hier aber gibt es nur wenig „gesichertes Wissen“, und es dürfte verständlich sein, daß in dieser Richtung auch nicht geforscht, sondern höchstens vertuscht wird.

In Frankreich gibt es die „Ligue Nationale pour la Liberté des Vaccinations“ (Nationale Liga für Impffreiheit), und die Präsidenten dieser Liga, Fernand und Simone Delarue, berichten in ihrem Buch „La Rançon des Vaccinations“, daß in Frankreich Dr. Abeltier die Meinung äußerte, wenn über Impfschäden berichtet werde, befasse man sich nur mit „zerbrochenen Eiern“, d. h. mit den unheilbar Geschädigten, niemand kümmere sich jedoch um die „Knickeier“, d. h. um die Kinder, die einen weniger dramatischen Schaden erlitten haben. **Die Äußerung besagt, daß die 8.328 Impfschäden nur die aus dem Wasser herausragende Spitze eines Eisberges sind. Der unter Wasser befindliche, viel größere Teil eines Eisberges entspricht dem, was Dr. Abeltier als „Knickeier“ bezeichnet.**

Der französische Arzt Dr. Kalmar sieht in Impfungen die Ursache für später aufgetretene Charakterschäden. Prof. Delore warnt vor den Gefahren, daß durch Impfungen ganze Generationen nicht nur charakterlich verändert werden, sondern auch Konzentrations- und Kritikfähigkeit in Mitleidenschaft gezogen wird, während gleichzeitig Erregbarkeit und Ängstlichkeit verstärkt werden. Damit wird nach Meinung von Prof. Delore das Verhalten beeinflußt, und so entstehen amorphe, atone, unsichere und verschlossene Menschen, die sich kaum für Sinnvolles interessieren, weil sie den verschiedensten Ängsten kritiklos ausgesetzt sind. Sicherlich kommen noch andere Faktoren hinzu, aber Impfungen sind stark an dieser Strukturierung des Charakters und des Verhaltens der heutigen und zukünftigen Massen beteiligt.

Auch in der deutschen Literatur finden sich derartige Hinweise, aber sehr selten und weniger deutlich. Jedoch sollte gefragt werden, woher es kommt, daß beispielsweise die Zahl der am „Syndrom des plötzlichen Kindestodes" (der in der Literatur auch „SIDS" = „Sudden Infant Death Syndrome" genannt wird) gestorbenen Kinder von Jahr zu Jahr ansteigt, wie aus folgender Kurve ersichtlich ist.

Sterbefälle am Syndrom des plötzlichen Kindestodes (SIDS = Sudden Infant Death Syndrome) in der Bundesrepublik Deutschland von 1979 bis 1987 Quelle: Statistisches Bundesamt, Wiesbaden, Gruppe VII D. „Daten wurden erst ab 1979 erhoben."

Schon vor Jahren wurde in der Literatur darauf hingewiesen, daß einem solchen Ereignis oftmals eine Impfung vorangegangen ist.

Überall hört man in Deutschland von „verhaltensgestörten Kindern", und diese Kinder sieht man auch allerorts. Allergien bei Kindern treten zunehmend häufiger auf. Über Neurodermitis bei Kleinkindern werden Bücher geschrieben. Im frühen

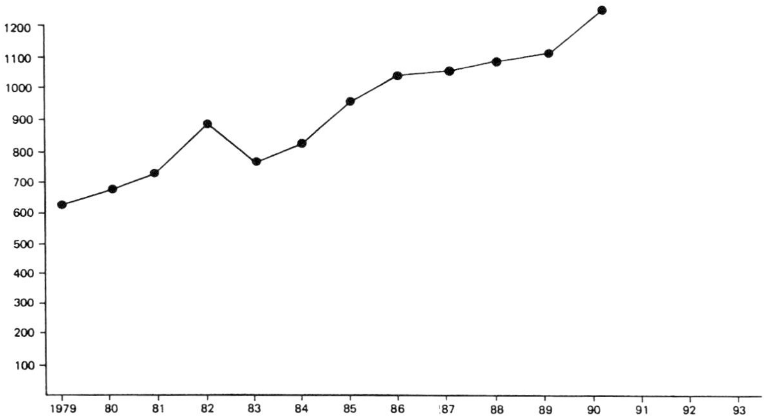


Sterbefälle am Syndrom des plötzlichen Kindestodes (SID = Sudden Infant Death) in der Bundesrepublik Deutschland

Quelle: Statistisches Bundesamt Wiesbaden, Gruppe VII D.
Hinweis: Daten wurden erst ab 1979 erhoben

Kindesalter gibt es bereits Seh- und Hörstörungen in früher nie gekanntem Ausmaß. Zahlreiche Kinder lernen spät und dann auch noch schlecht sprechen. Weitere Kinder sind kaum in der Lage, in der Schule das Lesen zu erlernen, bis hin zur Alexie oder Legasthenie. Die Eltern autistischer Kinder haben sich bei uns zu einem viele tausend Mitglieder zählenden Verband zusammengeschlossen. Fälle von jugendlicher insulinpflichtiger Zuckerkrankheit werden auf 500000 geschätzt, von diesen sind ca. 3000 Kleinkinder. Daß die kindliche Form dieser Krankheit vorwiegend auf einer Schädigung der Langerhans-Inseln in der Bauchspeicheldrüse beruht und durch Viren verursacht wird, kann heute nicht mehr bezweifelt werden. Man spricht von der „viralen Genese“ des kindlichen Diabetes.

Die Ursache der Enzephalomyelitis disseminata, auch multiple Sklerose (MS) genannt, ist bis heute nicht bekannt. In der Literatur wird die Möglichkeit einer allergischen Krankheit diskutiert, wobei die Erstschädigung in der Kindheit, die Zweitschädigung aber in der Jugendzeit zu suchen sei. Dafür hätte die Pockenimpfung Modellcharakter, aber in dieser Richtung gibt es keine Untersuchungen.

Zur Impfstoffgewinnung werden Tiere bzw. deren Organe verwendet, obwohl von vielen Forschern immer wieder auf die damit verbundenen Gefahren hingewiesen wurde. So sind beispielsweise Affen Träger zahlreicher Viren, die besonders virulent sind, wenn andere Gattungen damit infiziert werden. Die zur Herstellung des Polioimpfstoffes verwendeten Affennieren beherbergen das Simian-40-Virus (SV 40), während die zur Produktion der Masernvakzine verwendeten Hundenieren immer Erreger der Hundehepatitis enthalten. Beide verursachen bekannterweise bei anderen Tieren bösartige Tumoren. Ihre Auswirkungen beim Menschen wird die Zukunft zeigen. Deshalb äußerte sich Prof. Clausen von der Universität Odensa (USA) besorgt: Viele Millionen sind mit einer Poliovakzine geimpft worden, die den krebserregenden Virus enthielt. Die Amerikanerin Dr. Eva Snead führt in ihrem Buch „Win against Herpes and AIDS“ Beweise an für die Herkunft des AIDS-Virus HIV. Ihrer Behauptung nach besteht eine definitive Verbindung zwischen Impfungen und AIDS. Man stellte fest, daß das SV-40-Virus beinahe identisch ist mit dem heute als AIDS-Virus bekannten HIV.

In Deutschland gibt es eine große Zahl medizinischer Fachzeitschriften. Hier werden häufig völlig unwesentliche „wissenschaftliche Veröffentlichungen“ publiziert – die niemanden interessieren. Es ist aber nicht möglich, z. B. in einer kinderärztlichen Fachzeitschrift über Impfschäden zu berichten. Diese Arbeiten werden von den Redakteuren nicht angenommen. Deshalb sind meine Arbeiten fast ausschließlich in den Zeitschriften der Naturheilmedizin veröffentlicht worden.

Aus der großen Zahl der mir persönlich bekannten Impfschäden einige Beispiele:

Alexander K., geb. am 18. Mai 1983, Opfer der am 22. September 1983 erfolgten DPT-(Diptherie/Pertussis/Tetanus)-Impfung. Fast völlige Zerstörung des Gehirns.

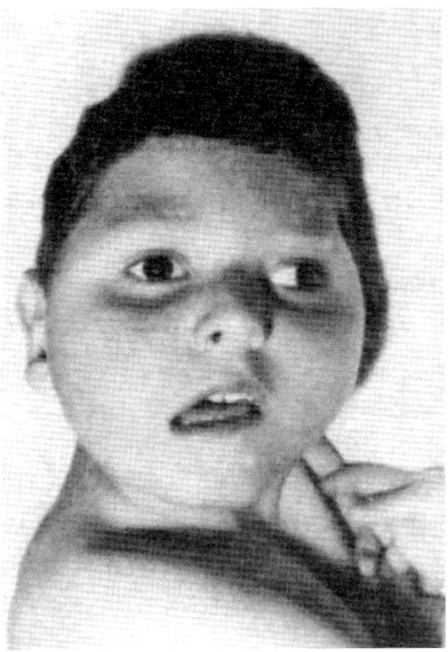

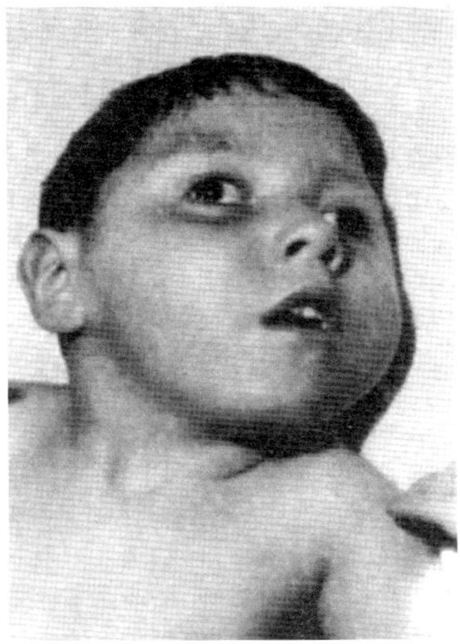

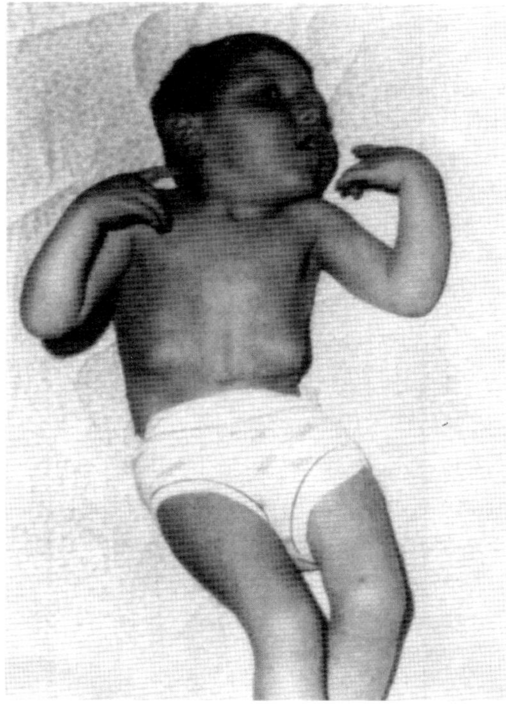

Am 26. September 1983, also vier Tage nach der letzten Impfung, bemerkten seine Eltern Unruhe und unaufhörliches Schreien, Temperatur fast 39 Grad. Die Mutter beobachtete Augenverdrehen und Gesichtszuckungen, das Kind war insgesamt schlaff und wurde am selben Tag in die Kinderklinik des Landeskrankenhauses Coburg eingewiesen. Bereits dort wurde die Diagnose „Enzephalitis" gestellt. Die Schädigung wurde aufgrund eines Gutachtens der Universitäts-Kinderklinik in Würzburg als Impfschaden anerkannt. Es handelt sich heute um ein blindes Kind mit Tetraspastik (= verkrampfende Lähmung aller vier Gliedmaßen) und hochgradiger psychomotorischer Retardierung. Die computertomographische Untersuchung des Gehirns ergab eine fast vollständige Zerstörung des Großhirns.

Maria B., geb. am 10. Mai 1981, Opfer der am 14. Mai 1985 erfolgten Masern-Mumps-Impfung. (Auf Wunsch der Eltern verzichten wir auf Abbildungen des Mädchens vor und nach dem Impfschaden. Der Name wird ebenfalls geändert.)

Das gesunde Mädchen hatte am 10. Mai 1985 seinen vierten Geburtstag. Am 14. Mai 1985, vier Tage später, erfolgte die Masern-Mumps-Impfung, und am 19. Mai 1985 fiel den Eltern zunächst eine Innendrehung des rechten Fußes auf. Am 20. Mai 1985 fehlte die Kraft im rechten Fuß. Der Zustand verschlechterte sich, und Ende 1985 war Nina am ganzen Körper, einschließlich der Arme und Beine, vom Hals ab nach unten vollständig gelähmt. Die Lähmung bestand unverändert während des ganzen Jahres 1986 und führte zu einer Schrumpfung der Muskulatur an Armen und Beinen. Dann setzte eine langsame Rückbildung ein, aber noch im Februar 1987 waren das Aufrichten zum Sitzen und das Kopfheben aus liegender Stellung nicht möglich. Im Oktober 1987 wog sie 13,5 kg; es bestand ein hochgradiger Muskelschwund, das Kind war vollständig pflegebedürftig. Medizinisch bezeichnet man ein solches Krankheitsbild als aufsteigende Paralyse im Sinne eines Landry-Guillam-Barré-Syndroms.

Heute sieht Maria B. so aus:

Es ist ein mageres kleines Mädchen. Die gesamte Körpermuskulatur ist fast vollständig geschwunden. Besonders im Bereich des Gesäßes sind die Beckenknochen zu sehen und zu tasten. Die Knochen der Arme und Beine scheinen nur von der Haut überzogen zu sein, Muskulatur ist nicht zu tasten. Man hat den Eindruck eines von Haut überzogenen Skeletts. In den Kniegelenken besteht eine Beugekontraktur, d. h. eine vollständige Versteifung von 90 Grad. Sie kann nicht stehen und spielt in einer Seitenlage auf dem Fußboden. Mit Mühe kann sie sich zum Kniestand aufrichten und hat dann durch Hochziehen und Weiterziehen an den Möbeln eine Möglichkeit entwickelt, kriechend kleine Entfernungen im Zimmer zu überwinden. Wasserlassen und Stuhlgang ist nur durch eine besondere Technik mit mütterlicher Hilfe möglich. Testungen ergaben eine überdurchschnittliche Intelligenz. Sie verspürt ihre körperliche Behinderung.

## Kirstin B., geb. am 15. Januar 1977, Opfer der am 24. Mai 1977 erfolgten oralen Impfung gegen Kinderlähmung.

Die ersten Bilder vor der Impfung zeigen einen Säugling bzw. ein Kleinkind, wie es sich eine Mutter nur wünschen kann. Kirstin wurde am 24. Mai 1977 mit dem Impfstoff Oral-Virelon gegen Kinderlähmung geimpft. Drei Tage später ließ

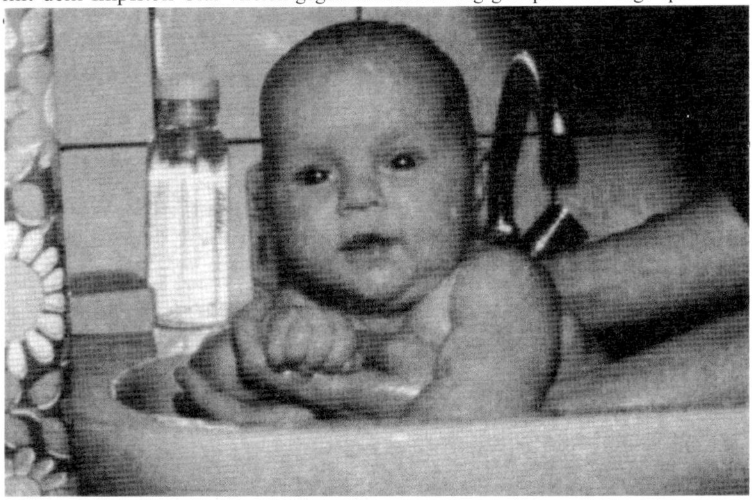

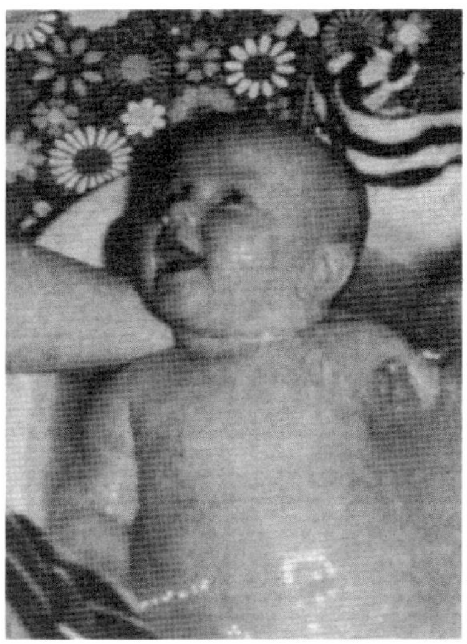

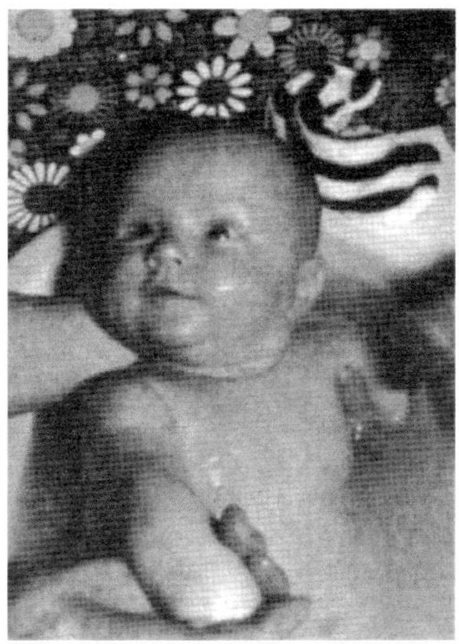

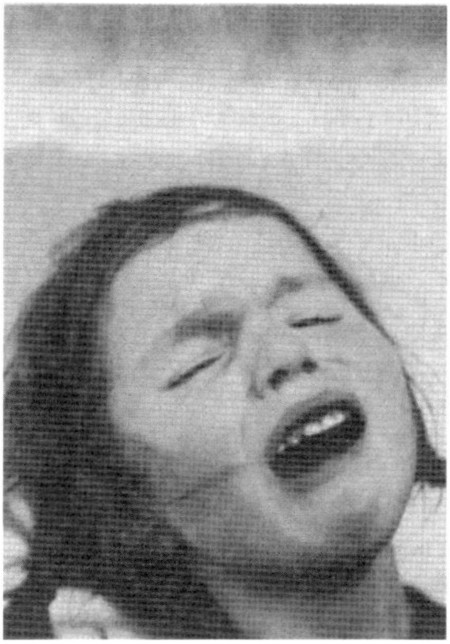
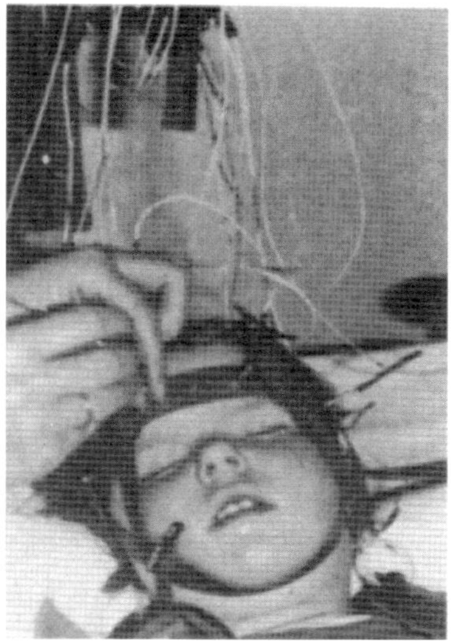

der Säugling nach der Mittagsmahlzeit alle Extremitäten schlaff hängen, verdrehte die Augen, lief rot an und verfiel in Tiefschlaf. Dieses Ereignis wiederholte sich mehrfach, und ab Mai 1977 erfolgte eine unendliche Zahl von Vorstellungen bei Kinderärzten, von stationärer Behandlung, von einem Leidensweg ohnegleichen. Nach langen, langen Kämpfen ist auch dieser Fall am 11. Mai 1984 als Impfschaden anerkannt worden. Von der Einreichung des Antrages, das Leiden als Impfschädigung anzuerkennen, bis zur endgültigen Anerkennung – der sogenannten Laufzeit –, vergingen in diesem Fall sechs Jahre und fünf Monate.

Heute leidet dieses Mädchen an ununterbrochenen Krampf anfallen. Große Teile ihres Lebens hat sie in Krankenhäusern und Kinderkliniken verbracht. Immer wieder wird versucht, neue krampf verhindernde Medikamente auszuprobieren. Was bei einer gewöhnlichen Epilepsie fast immer gelingt, blieb bei Kirstin vergeblich. Ich habe den Eindruck, daß das Versagen dieser krampflösenden Medikamente geradezu typisch für impfbedingte Krampfanfälle ist. Den Leidensweg dieses Kindes habe ich in der deutschen Fachzeitschrift „Erfahrungsheilkunde" unter dem Titel „Therapieresistentes Hirnkrampfleiden mit hochgradigem Intelligenzdefekt als Folge einer Kinderlähmungs-Schluckimpfung (Sabin)" veröffentlicht.

**In der Bundesrepublik Deutschland haben von 1972 bis 1987 8328 Menschen einen Schaden durch eine Impfung erlitten *und* den entsprechenden Antrag, diesen Schaden amtlich anerkannt zu bekommen, eingereicht: die Einwohnerzahl einer mittleren Kleinstadt und doch nur die Spitze eines aus dem Wasser herausragenden Eisbergs!**

## Kurzer Überblick über den Seuchenverlauf in der Statistik

In Deutschland sind Impfungen bei der heutigen günstigen Seuchensituation selbst bei Aufrechterhaltung der Behauptung, Impfungen seien die Ursache dieser günstigen Seuchenverhältnisse, unnötig. Glaubt man dennoch, impfen zu sollen, könnten diese trotzdem ohne Risiko in ein Lebensalter verlegt werden, in dem Impfschäden erkennbar sind. Im 3. Lebensjahr können Kinder sprechen. Sie können sagen, ob sie sich krank fühlen und ob sie Kopf- oder Gliederschmerzen haben. Deshalb sind Impfschäden sicher zu diagnostizieren und können nicht abgestritten werden. Beschämende Tatsachen, daß 1988 von 241 eingereichten Impfschadensanträgen 161 (67%) abgelehnt wurden, wären dann unmöglich (vorausgesetzt, die zuständigen Behörden sehen das Erkennen von Impfschäden als erstrebenswert an – was nicht sicher ist!).

Bei Säuglingen und Kleinkindern sind nämlich Impfschäden, die geistige Behinderung zur Folge haben, in der Regel schwer erkennbar, weil in diesem Lebensalter Krankheitszeichen nicht geäußert werden können. Von später deutlich werdenden Schäden kann dann behauptet werden, sie seien zufällig und impfunabhängig entstanden. So kommt es zu den eben erwähnten Ablehnungsziffern.

Aus diesem Grund ist zu vermuten, daß sich unter geistig behinderten Kindern unerkannte Impfschäden befinden. Dafür sprechen folgende Ereignisse: Etwa ab 1970 wurden Pockenimpfungen bei Säuglingen und Kleinkindern zunehmend weniger ausgeführt, und seitdem nach Aufhebung der Impfpflicht 1983 die Ausführung einer Impfung gegen Pocken als „ärztlicher Kunstfehler" bezeichnet wird, unterblieben sie ganz. Etwa seit dieser Zeit gingen die bis dahin jährlich konstanten Zahlen der Neuaufnahmen geistig behinderter Kinder in den Einrichtungen der „Lebenshilfe“ zurück. Grund: Die unerkannten Impfschäden blieben aus. Nach einer Mitteilung im Deutschen Ärzteblatt, Heft 45 vom 10. 11. 1988, sind die Impfungen gegen Tuberkulose und Keuchhusten nicht mehr im z. Zt. gültigen „Standardimpfplan“ enthalten. In der nächsten Zeit werden daher beide Impfungen zunehmend weniger ausgeführt werden. Deshalb ist mit einem Zurückgehen der Anzahl der Impfschäden zu rechnen, weil es nur ein Mittel gibt, um Impfschäden zu vermeiden: Aufgabe der Impfungen.

Bemerkenswert ist in diesem Zusammenhang eine Behauptung von Ministerialrat Dr. Schumacher und Regierungsdirektor Egon Meyn vom Bundesministerium für Jugend, Familie und Gesundheit in ihrer Broschüre „Bundes-Seuchengesetz“, Deutscher Gemeindeverlag W. Kohlhammer, auf Seite 119: „Die Zahl der Impfschäden ist im Verhältnis zur Zahl der Erkrankungen, mit denen wir ohne Impfung **zu rechnen hätten,** minimal. Wo dies nicht mehr der Fall ist, wo also die Zahl der Impfschäden sich der Zahl der Erkrankungen ohne Impfung nähert, muß die Notwendigkeit weiterer Impfungen überprüft werden.“ Als 1980 die genannte Broschüre „Bundes-Seuchengesetz“ herausgegeben wurde, war „die Zahl der Impfschäden“, die 1986 erstmalig veröffentlicht wurden, noch unbekannt. Demnach waren die Autoren in der Lage, eine ihnen nicht bekannte Zahl (die Impfschäden) mit einer Phantasiezahl (Erkrankungszahl ohne Impfungen) zu vergleichen.

Wird die Anzahl der sich jährlich ereignenden Erkrankungen oder Todesfälle der Seuchen als graphische Kurve dargestellt, ergeben sich für alle Infektionskrankheiten übereinstimmende Kurvenverläufe, gleichgültig, ob es sich um Erkrankungen handelt, gegen die viel, wenig oder gar nicht geimpft wurde.

Handelt es sich um Infektionskrankheiten, über die wir länger zurückreichendes Zahlenmaterial besitzen, wie z. B. über Tuberkulose, so zeigt sich, daß die Rückgänge etwa vor 200 Jahren einsetzten, lange vor Einführung irgendwelcher Impfungen. Es zeigt sich weiter, daß die nach dem Ersten bzw. nach dem Zweiten Weltkrieg einsetzenden Impfmaßnahmen auf keiner Tabelle positive Auswirkungen erkennen lassen. Die Kurven fallen nicht steiler ab, sondern werden flacher. Das heißt, bei einsetzenden Impfungen verlangsamen sich die Rückgänge. Nach verstärkten Impfungen, wie von 1970 bis 1980, werden die Kurven nochmals flacher und unruhiger, so daß das zu erwartende Erreichen der Nullpunkte verzögert wird.

Aufgrund dieser Tabellen kann folgende Aussage gemacht werden:

**Niemals ist ein Mensch, gleichgültig ob Erwachsener oder Kind, durch eine Impfung vor der Erkrankung bewahrt oder geschützt worden, gegen die sich die Impfung richtete. Im Gegenteil – im Inkubationsstadium durchgeführte Impfungen führten zu vermehrten Erkrankungen und zu Todesfällen, die der Impfung angelastet werden müssen.**

Es ließ sich nur schwer verheimlichen, daß Geimpfte an der Krankheit erkrankten, gegen die sie geimpft waren – was zu phantasievollen Ausreden der Impfbefürworter führte. Als beispielsweise Pockengeimpfte nach Einführung des Reichsimpfgesetzes genauso an Pocken erkrankten wie Ungeimpfte, fand sich die Erklärung – die Erkrankung verliefe wesentlich leichter. In den Lehrbüchern wurde nun zwischen den Erkrankungen bei Ungeimpften und den angeblich leichteren Erkrankungen der Geimpften unterschieden und von einer neuen Krankheit gesprochen: „Variolosis" – die Pockenerkrankung der Geimpften. Als bei anderen Impfverfahren auch in neuerer Zeit Geimpfte an der Krankheit erkrankten, gegen die sie geimpft worden waren, wurde von „Impfversagern" und von „Impfdurchbrüchen" gesprochen. In letzter Zeit wurde bekannt, daß auch in den Tropen bei den dort durchgeführten Impfungen Geimpfte erkrankten. In der Literatur findet sich dafür die Erklärung, die üblichen „flüssigen" Impfstoffe würden bei tropischen Temperaturen ihre Wirksamkeit verlieren, worauf „lyophilisierte“ (d. h. gefriergetrocknete) Impfstoffe eingeführt wurden.

Nachdem in neuester Zeit z. B. in Südafrika zahlreiche gegen Kinderlähmung (meist auf Kosten des Rotary-Clubs) Geimpfte an Polio erkrankten, lag es angeblich an einem „schlecht gewordenen Impfstoff“, aber nun wurde eine „Unterbrechung der Kühlkette“ angeschuldigt (GIRTH, E.: Kinder unter Apartheid. Deutsches Ärzteblatt 89, Heft 36, vom 7.9.1989, S. B. 1741). Als sich herausstellte, daß die Hepatitis A und NANB (gegen die nicht geimpft wird) bessere Rückbildungen zeigten als die Hepatitis B (nur gegen Hepatitis B wird geimpft!), da wurde behauptet, dies seien keine realen Zahlen, sondern der fehlende Impferfolg sei ein „statistischer Fehler“ infolge ungenügender Meldungen durch die Ärzte (nach § 3 Abs. 2 Punkt 13 sind jede Erkrankung und jeder Todesfall an Hepatitis meldepflichtig). Darüber kann nachgelesen werden bei LANGER, W. und MASSIHI, K. N.: „Zur Morbidität der Hepatitis infectiosa“, Bundesgesundheitsbl. 6/89, S. 223, zitiert auch in Med. Trib. Nr. 33 vom 16. August 1989.

**Hepatitis**

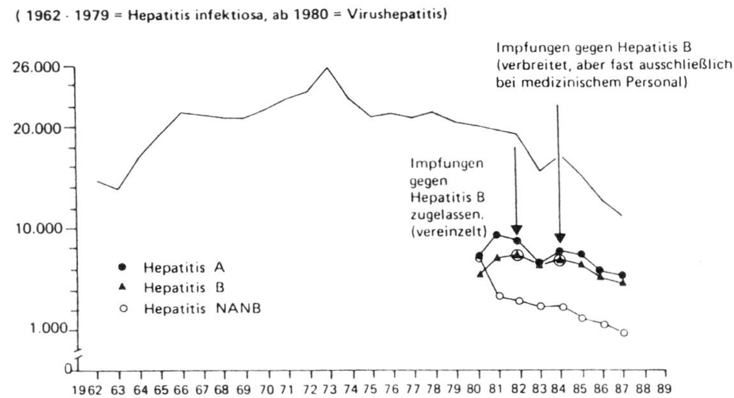


Abb. 1 Erkrankungen an Hepatitis in der BRD von 1962 bis 1988
Quelle: Statistisches Bundesamt Wiesbaden

## Tuberkulose

Über den Verlauf der Tuberkulose besitzen wir in Form der Sterbeziffern seit 1750 das am weitesten zurückreichende Zahlenmaterial. 1750 starben jährlich unter 10000 Menschen 75 Personen an Tuberkulose. 1960 waren es nur noch fünf.

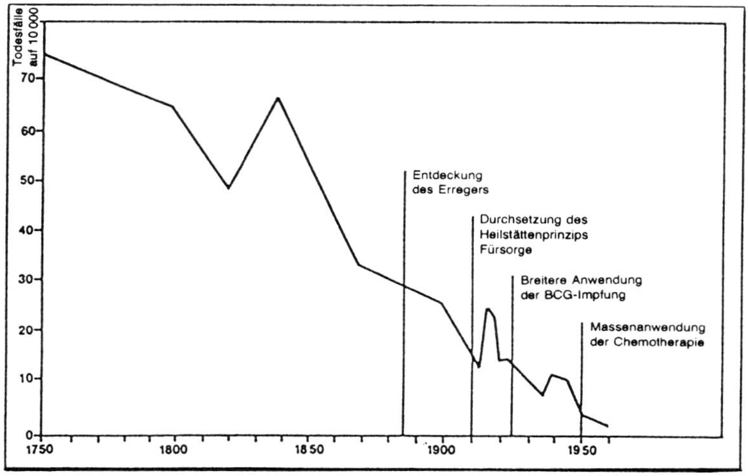


Abb. 2 Sterblichkeitskurve der Tuberkulose in Deutschland von 1750 bis 1950. Quelle: Weise, H.-J.: Epidemiologie der Infektionskrankheiten in der Bundesrepublik. Die gelben Hefte 1 (1984) 5.

Reichte die erste Kurve (Abb. 2) bis 1955, so zeigt Abb. 3 die Fortsetzung von 1956 bis 1988. Eindeutig ist der gleiche kontinuierliche Rückgang zu sehen, wie ihn die Kurve von 1750 bis 1955 zeigte. Durch Rasterung wurde die letzte Massenimpfkampagne der Gesundheitsämter zwischen 1970 und 1980 hervorgehoben. Wie ersichtlich, haben die durchgeführten Impfungen auf die Anzahl der Todesfälle keinen positiven Effekt gehabt, im einmal eingeschlagenen Kurvenverlauf nach unten gibt es keine Richtungsänderung.

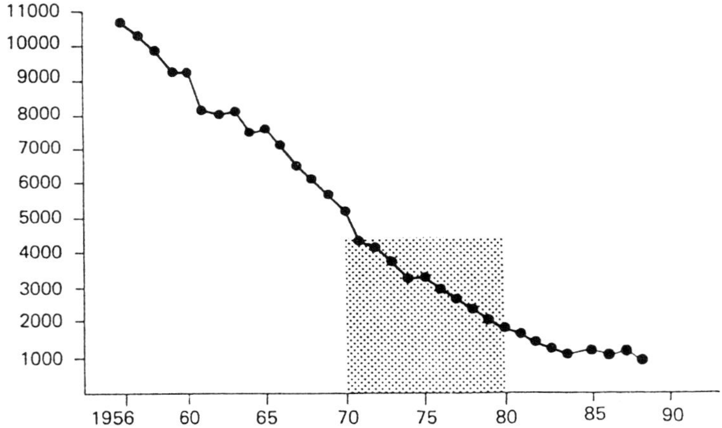


Abb. 3 Todesfälle an Tuberkulose in der BRD von 1956 bis 1988
Quelle: Statistisches Bundesamt Wiesbaden, Gruppe VII D
Allein vom öffentlichen Gesundheitsdienst wurden 2.897.248 BCG-Impfungen durchgeführt.

Die Entwicklung der Erkrankungen an Tuberkulose zeigt Abb. 4. Kontinuierlich ist wiederum der jährliche Rückgang zu ersehen. Auch auf Erkrankungszahlen lassen die durchgeführten Massenimpfungen keine positiven Auswirkungen

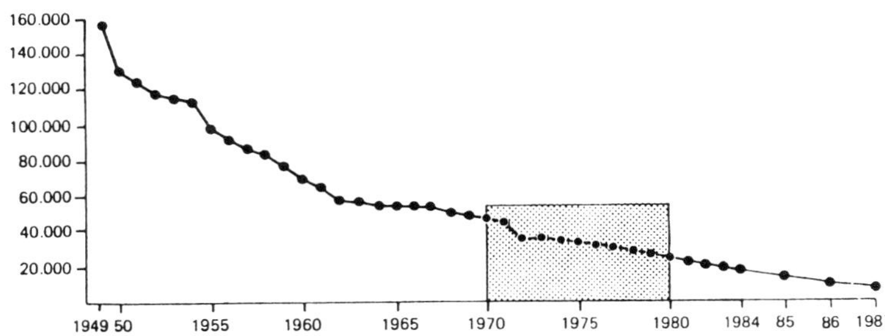


Abb. 4 Zugänge der an aktiver Tuberkulose Erkrankten in der BRD von 1949 bis 1987
Quelle: Statistisches Bundesamt Wiesbaden, Gruppe VII D
Allein vom öffentlichen Gesundheitsdienst wurden 2.897.248 BCG-Impfungen durchgeführt.

erkennen. Die Kurve fällt nach Einsetzen der Massenimpfungen nicht steiler ab, was einem positiven Effekt entspräche und einen schnelleren Rückgang anzeigen würde, sie verlangsamt sich eher und wird flacher.

**Durchgeführte Impfungen haben somit weder auf den epidemiologischen Ablauf der Todesfälle noch auf die Anzahl der Neuzugänge an Tuberkulose, wie beide Kurven zeigen, einen positiven Einfluß, Mit der Impfung gegen Tuberkulose (BCG-Impfung) impfen wir daher gegen eine Erkrankung, die in unserem Land mit und ohne Impfung Jahr für Jahr abnimmt.**

Bis vor wenigen Jahren konnten vom Statistischen Bundesamt in Wiesbaden auch die Zahlen des sog. „Bestandes" an Tuberkulose erfragt werden. Seit 1985 ist jedoch der „Bestand" nicht mehr meldepflichtig.

Aufgrund des heute erreichten Tiefstandes kann gesagt werden: Die Tuberkulose spielt als Volkskrankheit keine wesentliche Rolle mehr.

### Keuchhusten

Die Kurve zeigt zunächst einen steilen Rückgang der Keuchhusten-Todesfälle. Von 1946 bis 1952 ging die Zahl der Sterbefälle von jährlich 1500 auf 500 zurück. Sowohl die Einführung des alleinigen Keuchhustenimpfstoffes „P" als auch die Einführung des kombinierten Diphtherie-Keuchhusten-Tetanus-Impfstoffes „DPT" hatten keine positiven Einflüsse auf den Kurvenablauf; die Tendenz blieb fallend. Die Massenimpfungen zwischen 1970 und 1980 führten zu einer Kurvenabflachung, d. h., das Erreichen des vorherberechenbaren Nullpunktes wurde durch die Impf maßnahmen verzögert.

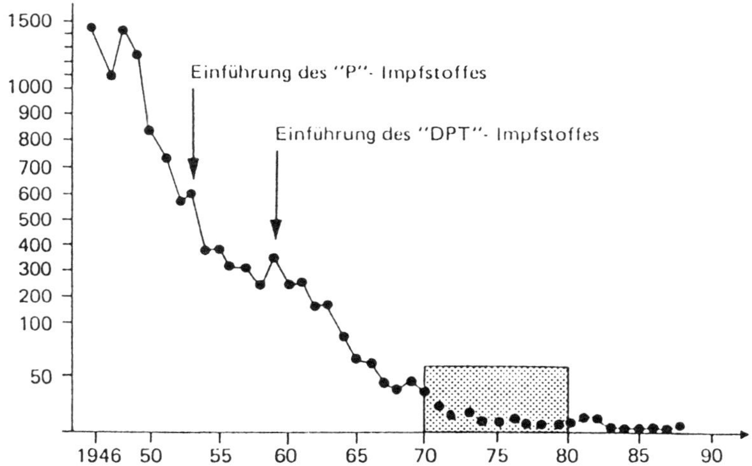


Abb. 5 Sterbefälle an Keuchhusten (Pertussis)
Quelle: Statistisches Bundesamt Wiesbaden, Gruppe VII D
Von 1970 bis 1980 wurden allein von den Gesundheitsämtern 1.495.328 Pertussis-Impfungen durchgeführt.

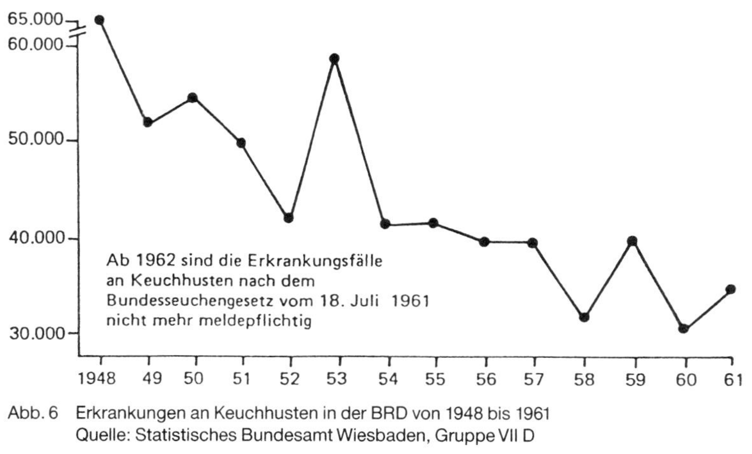


Abb. 6 Erkrankungen an Keuchhusten in der BRD von 1948 bis 1961
Quelle: Statistisches Bundesamt Wiesbaden, Gruppe VII D

Auch die Erkrankungen an Keuchhusten (Abb. 6) zeigen die gleiche Rückgangstendenz wie die Sterbefälle. Innerhalb von zwölf Jahren gingen Keuchhustenerkrankungen von 65000 (1948) auf 30000 (1960) zurück. Deshalb ist seit 1962 die Meldepflicht für Erkrankungen an Keuchhusten aufgehoben worden, nur Todesfälle blieben weiterhin meldepflichtig. Die in der wissenschaftlichen Literatur und in den Massenmedien genannten Keuchhusten-Erkrankungszahlen („mehrere hunderttausend Fälle") sind reine Phantasiegebilde und halten keiner Nachprüfung stand.

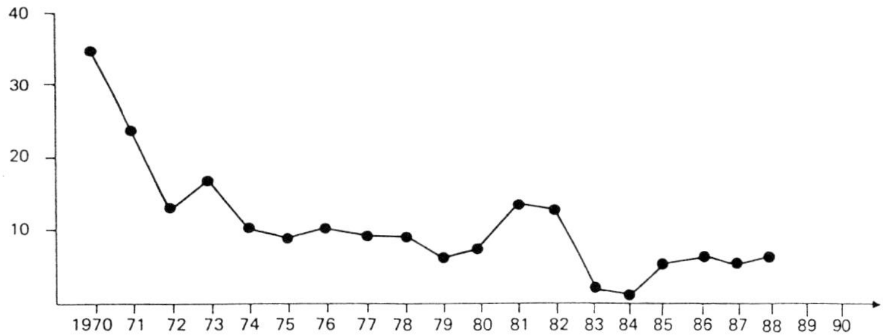


Abb. 7 Todesfälle an Keuchhusten in der BRD
Quelle: Statistisches Bundesamt Wiesbaden, Gruppe VII D

Abb. 7 betrifft Keuchhusten-Todesfälle von 1970 bis 1988 in einem veränderten Maßstab. Auch sie zeigt fallende Tendenz und läßt die geringe Anzahl der jährlichen Todesfälle an Keuchhusten erkennen.

Die Infektionskrankheiten sind ein Spiegel des sozialen, hygienischen und des technisch-zivilisatorischen Standards eines Landes. Es müssen sich daher in ähnlich strukturierten Ländern gleiche Kurvenabläufe finden lassen.

Abb. 8 zeigt den Verlauf der Keuchhustensterblichkeit in der Schweiz. Nach einem steilen Abfall von ca. 600 Todesfällen im Jahre 1910 auf ca. 100 Todesfälle 1945 wurde in diesem Jahr zögerlich mit Impfungen begonnen – worauf die Kurve nicht steiler abfiel, sondern flacher wurde. Von Jahr zu Jahr wurden dann in der Schweiz mehr Kinder geimpft, dadurch wurde die vorherberechenbare Erreichung des Nullpunktes um ca. 20 Jahre verzögert. Erst seit etwa 1970 hat es in der Schweiz keine Keuchhusten-Todesfälle mehr gegeben. Vom Schweizer Gesundheitsdienst wird das als „Erfolg“ der Impfpolitik bezeichnet. **Kaum eine Kurve zeigt den Impfunsinn deutlicher.**

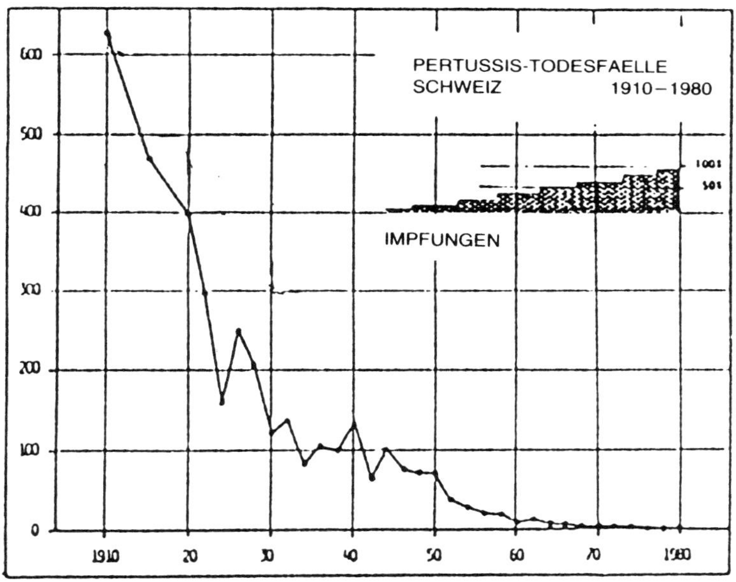


Abb. 8 Pertussis-Mortalität in der Schweiz: über 600 Pertussis-Todesfälle zu Beginn des Jahrhunderts, keine Todesfälle in den letzten fünf Jahren.
Die stärksten Rückgänge sind in der Zeit **vor** der allgemeinen Durchimpfung der Säuglinge eingetreten.
Quelle: Tönz, O.: Keuchhustenimpfung. Therapeut. Umschau 40 (1983), S. 203

## Diphtherie

Welchen Schaden Impfungen anrichten – nicht nur in Beziehung auf das Einzelwesen, welches durch eine Impfung einen Impfschaden erleiden kann, sondern ebenso in Beziehung auf die Gesamtsituation des Seuchenrückganges –, läßt sich am Beispiel der Diphtherie eindrucksvoll zeigen. Aus dem Kurvenbild ist zunächst der gleiche steile Rückgang ersichtlich, wie er bei allen Infektionskrankheiten nachzuweisen ist. Die Erkrankungen an Diphtherie waren seit 1918 von etwa 100000 in wenigen Jahren bis auf ca. 50000 abgesunken. Im Jahre 1925 wurde die Diphtherieimpfung eingeführt, stark propagiert und sehr häufig durchgeführt. Daraufhin stiegen die Erkrankungszahlen an Diphtherie unaufhörlich an. Sie erreichten 1942 mit 250000 pro Jahr ihren Höhepunkt, um nach Beendigung des Krieges

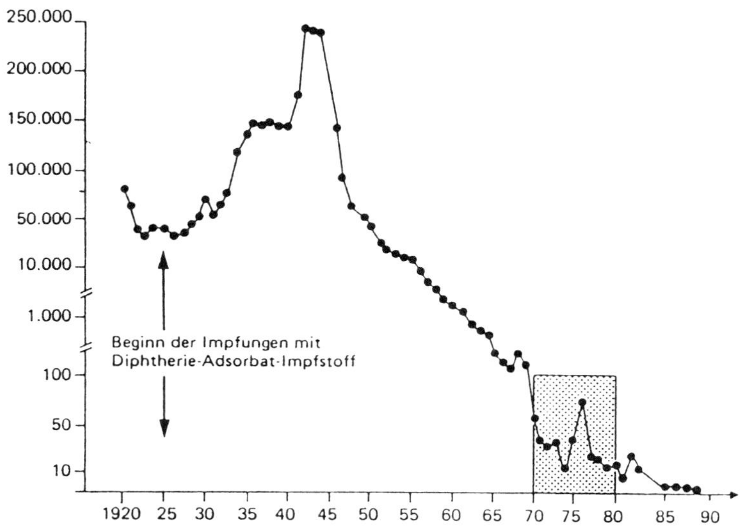


Abb. 9 Erkrankungen an Diphtherie
Quelle: Statistisches Bundesamt Wiesbaden
Allein vom öffentlichen Gesundheitsdienst wurden 10.725.776 Diphtherieimpfungen durchgeführt.

steil abzufallen, obwohl („richtiger": weil ??) in der Nachkriegszeit kaum oder nur sehr wenig geimpft wurde.

Um diesen enormen Rückgang deutlich zu machen, hier eine Kurve im veränderten Maßstab über die Erkrankungen an Diphtherie zwischen 1972 und 1988. Vor 47 Jahren jährlich 250000 Fälle, während es 1988 in der ganzen Bundesrepublik Deutschland nur noch drei Erkrankungen an Diphtherie gab. Derartig geringfügige Erkrankungszahlen machen den enormen Aufwand und die Kosten von Millionen durchgeführter Impfungen überflüssig – es sei denn, kommerzielle Überlegungen stehen im Vordergrund.

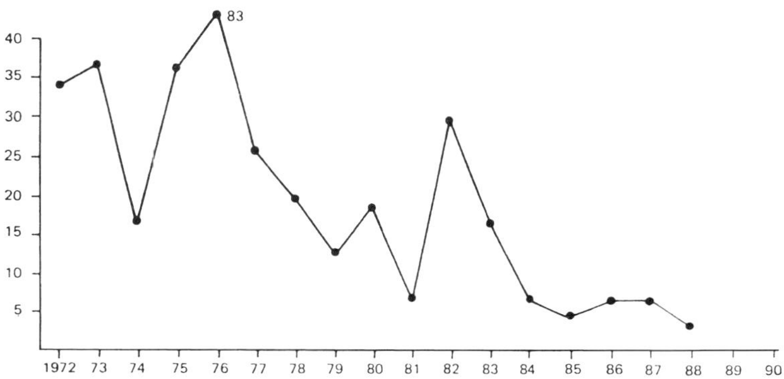


Abb. 10 Erkrankungen an Diphtherie in der BRD von 1972 bis 1988
Quelle: Statistisches Bundesamt Wiesbaden, Gruppe VII D

Zum Abschluß drei Tabellen über Krankheitsrückgänge bei Erkrankungen, gegen die es keine Impfungen gibt. Der Vergleich des fast gleichsinnigen Verlaufes dieser Kurven mit den Kurven der Infektionskrankheiten zeigt deutlich, daß Impfungen mit den Rückgängen bestimmter Krankheiten, die soziales Verhalten widerspiegeln, nichts zu tun haben können.

## Säuglingssterblichkeit

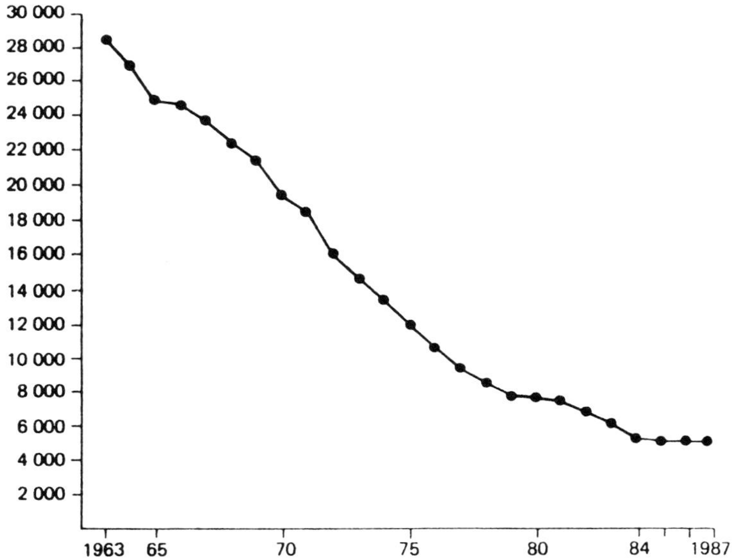


Abb. 11 Säuglingssterblichkeit in der BRD von 1963 bis 1987
Vom Tag der Geburt bis zur Vollendung des 1. Lebensjahres
Quelle: Statistisches Bundesamt Wiesbaden, Gruppe VII D

## Syphilis

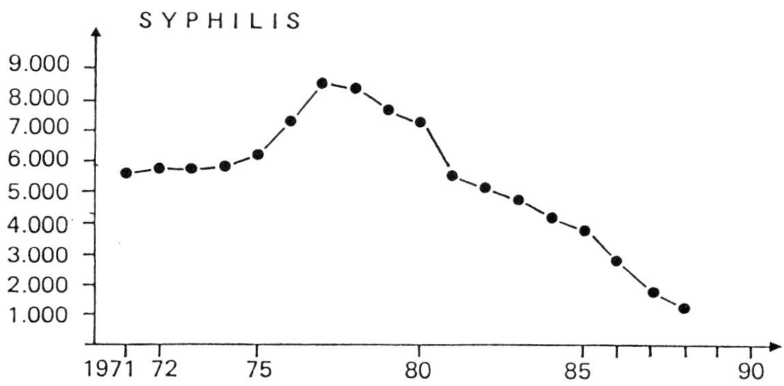


Abb. 12 Erkrankungen an Syphilis in der BRD von 1971 bis 1988
Quelle: Statistisches Bundesamt Wiesbaden, Gruppe VII D

## Gonorrhö (Tripper)

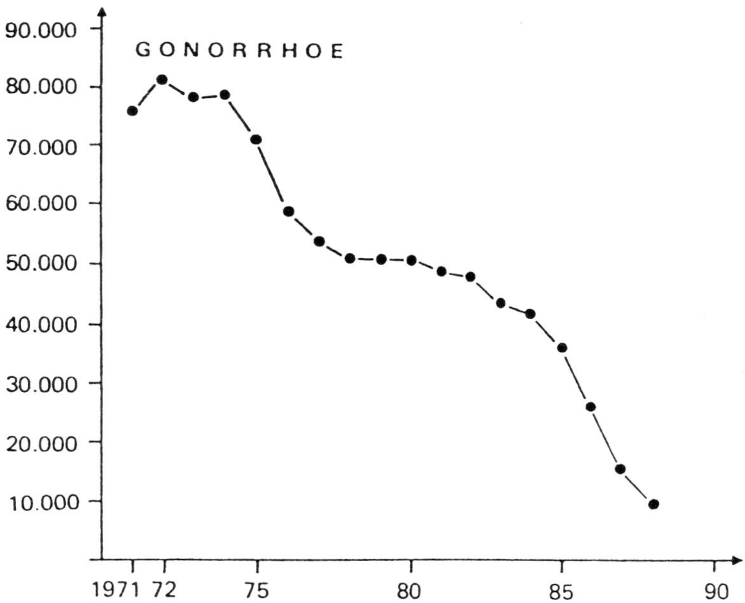


Abb. 13 Erkrankungen an Gonorrhö in der BRD von 1971 bis 1988
Quelle: Statistisches Bundesamt Wiesbaden, Gruppe VII D

Die gleichsinnigen Rückläufe bei Krankheiten, gegen die es keine Impfungen gibt, berechtigen daher, die Frage zu stellen, ob der Staat, vor allen Dingen aber die dafür verantwortlichen Ärzte nicht fahrlässig handeln, wenn sie Impfungen aufrechterhalten, obwohl keine Notwendigkeit mehr besteht und deren Nutzlosigkeit deutlich zu erkennen ist. Es kann nicht bestritten werden, daß Ärzte nicht nur Gutes tun, sondern durch Verletzung des ärztlichen Hauptgrundsatzes „primum nil nocere“ (d. h. „zuerst nicht schaden“) unter den Impfopfern unendliches Leid heraufbeschworen haben.

Hinweis des Herausgebers:

Ein statistischer Vergleich betr. Erfolg oder Mißerfolg der Impfungen gegen Kinderlähmung ist in dieser prägnanten Kürze nicht möglich. Deshalb wird diesbezüglich auf das Buch DELARUE: IMPFSCHUTZ – IRRTUM ODER LÜGE? verwiesen, das im Hirthammer Verlag, München, erschienen ist. Dort werden auf etwa 260 Seiten die Erfolge bzw. Mißerfolge aller Impfungen in vielen Ländern verglichen und grafisch dargestellt.

Über Impfschäden vor allem nach Kinderimpfungen informiert das im gleichen Verlag erschienene Buch H. L. COULTER: IMPFUNGEN – DER GROSSANGRIFF AUF GEHIRN UND SEELE.

HINZUFÜGEN FÜR DIE

DRITTE DEUTSCHE AUFLAGE

# Impfungen bei Tieren

# Impfungen bei Tieren

Als informative Ergänzung soll anhand der Maul- und Klauenseuche der Zusammenhang zwischen Impfungen und Seuchenverlauf beim Tier dargestellt werden.

Dies ist anschaulich möglich, weil es bisher in Europa Länder sowohl mit als auch ohne Impfpflicht gegen Maul- und Klauenseuche gab.

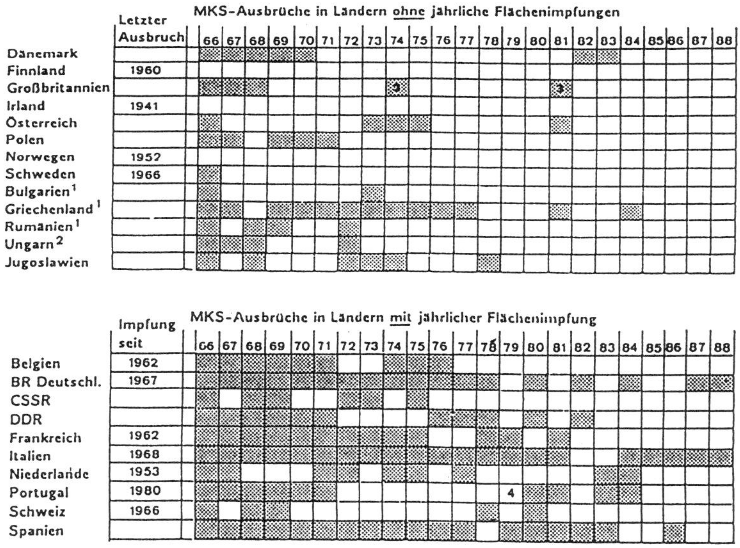


Abb. 14: Jahre mit Ausbrüchen der Maul- und Klauenseuche (**dunkle** Kästchen) in europäischen Ländern 1966–1988
oben: **ohne** jährliche Flächenimpfungen
unten: **mit** jährlichen Flächenimpfungen

*[1]) Impfung entlang der Grenze gegen die Türkei.*

*[2]) Impfung entlang der Ostgrenze.*

*[3]) Ausbruch auf Kanalinseln, eingeschleppt aus Frankreich. Die englische Hauptinsel blieb seuchenfrei.*

*[4]) Portugal impfte von 1972 bis 1979 nicht.*

*Quelle: Strohmaier, K.: Wie kann Europa frei von Maul- und Klauenseuche werden und bleiben? Vortrag, gehalten im März 1989 im Vakzineinstitut Basel.*

In Deutschland bestand jahrzehntelang gesetzlicher Impfzwang, der mit drastischen Strafmaßnahmen, z. T. unter Polizeieinsatz durchgeführt wurde: Alle Rinder, die älter als vier Monate waren, mußten jedes Jahr gegen die Maul- und Klauenseuche geimpft werden.

Schaubild 14 zeigt die europäischen Länder ohne und mit jährlichen Flächenimpfungen. Es ergibt sich eindeutig, daß es in den Ländern **mit** Zwangsimpfungen erheblich mehr Ausbrüche der Seuche gegeben hat als in den Ländern **ohne** gesetzlich vorgeschriebene Impfungen.

Außerdem: Während alle Länder **ohne** Zwangsimpfungen seit 1985 seuchenfrei sind, hat es in Ländern **mit** Impfpflicht Ausbrüche an Maul- und Klauenseuche gegeben: 1986 in Spanien, 1985, 1986, 1987 und 1988 in Italien, 1987 und 1988 in der Bundesrepublik Deutschland.

Der Vergleich der Seuchenhäufigkeit zeigt, daß in den impfenden Ländern die Seuche viel häufiger auftrat, als in den nichtimpfenden Ländern. Zudem war in den nachprüfbaren Fällen die Seuche stets aus impfenden Ländern eingeschleppt worden.

Da die Länder Westeuropas beabsichtigen, sich zu einem gemeinsamen Markt zusammenzuschließen, wurden einheitliche Bekämpfungsmaßnahmen in den zukünftigen Mitgliedsländern erforderlich. Daher erarbeitete eine Sonderkommission eine Empfehlung des Inhalts, im ganzen Bereich der Europäischen Gemeinschaft das Impfen gegen Maul- und Klauenseuche zu verbieten.

Diese Empfehlung mußte von den zukünftigen Mitgliedstaaten befürwortet werden, und von den Impfungen beim Menschen ist bekannt, wie schwer es Impfbefürwortern fällt, Fehler zuzugeben und begangenes Unrecht einzugestehen.

In der Bundesrepublik Deutschland ist der gesamte Veterinärdienst (wie auch der Gesundheitsdienst) eine Angelegenheit der Bundesländer. Die Vertretung der Länder – der Bundesrat – äußerte Bedenken gegen diese Empfehlung und behauptete, die Impfungen gegen Maul- und Klauenseuche hätten sich in Deutschland während der Vergangenheit bewährt. (Die gleichen Behauptungen sind bezüglich der Impfungen beim Menschen bekannt.)

Ebenso stand auch die Bundesregierung einer Aufhebung der Impfpflicht ablehnend gegenüber.

In einer Anhörung vor dem Bundestagsausschuß für Ernährung, Landwirtschaft und Forsten, der die Empfehlung der EG-Kommission beraten mußte, hatte der Präsident der Bundesforschungsanstalt für Viruskrankheiten der Tiere, Dr. Wittmann, die Meinung vertreten,

> „daß in der Abwägung mehr dafür spreche, die Impfpflicht beizubehalten".

Daraufhin richtete ein inzwischen pensionierter Wissenschaftler der Bundesforschungsanstalt gleichlautende Schreiben an den Vorsitzenden sowie an Mitglieder des Bundestagsausschusses, in denen er in sieben Punkten die Argumente gegen das Impfen aufzählte und auf die Nutzlosigkeit und die Schädlichkeit hinwies.

Die Punkte l, 2, 4 und 7 lauteten:

> 1. Die Impfung hat sich in den vergangenen 20 Jahren nicht bewährt! Die seit 1970 erfolgten rund 100 Primär- und Folgeausbrüche beweisen: wo immer der Krankheitserreger freigesetzt wurde (zuletzt 1987/88 im Wellcome Impfstoffwerk Reg.-Bez. Hannover), traf er auf empfängliche Tiere, die erkrankten.
>
> 2. Die Impfungen waren schädlich! Von den seit 1970 registrierten 30 Primärinfektionen waren nachweislich 22 auf die Herstellung und Anwendung von Impfstoff zurückzuführen, bei drei weiteren ist es wahrscheinlich aber nicht mehr nachweisbar. Zwei Fälle traten bei Schweinen nach Verfütterung von infizierten Speiseabfällen auf

und drei Fälle konnten nachträglich nicht mehr identifiziert werden. (MKS-Impf Stoffe werden aus infektiösen Viruslösungen durch chemische Inaktivierung hergestellt.)

4. Die impfenden Länder Bundesrepublik Deutschland und Italien sind die letzten Länder in Europa, in denen die Seuche offen auftrat. Die impfenden Länder verhindern daher nicht, wie oft behauptet wurde, die Ausbreitung der Seuche, sondern waren stets Ausgangspunkt der Seuche und daher die eigentliche Gefahr für alle seuchenfreien Länder.

7. Die in den nicht impfenden Ländern Dänemark (1982/83) und den Kanalinseln von Großbritannien (1974 und 1981) erfolgten Ausbrüche waren nachweislich Einschleppungen oder Übertragungen aus benachbarten impfenden Ländern. Sie wären nicht erfolgt, wenn dort nicht geimpft worden wäre.

Der Schlußsatz dieses Schreibens lautete so:

**„Es ist mir bekannt, daß dem Ausschuß in der vorliegenden Angelegenheit bei der Anhörung von Präsident und Prof. Dr. Wittmann am 24. Februar 1988 andere Informationen gegeben worden sind, die weitere Impfungen notwendig erscheinen ließen. Dies ist verständlich, wenn man bedenkt, daß der Befragte an MKS-Impfstoffpatenten der Firma Bayer beteiligt ist und daraus erhebliche finanzielle Vorteile genoß.“** (Fettdruck vom Verfasser)

Die Verbindung des Präsidenten mit der Impfstoffindustrie und die daraus resultierende Befangenheit konnte seine Stellungnahme für das Impfen erklären, die fachlichen Argumente gegen das Impfen, die ihm seit langem bekannt waren, konnte er nicht entkräften.

Der Präsident konnte die Entwicklung nicht aufhalten: Der Bundestagsausschuß stimmte der EG-Empfehlung zu. D. h., auch in Deutschland darf spätestens ab 1992 nicht mehr gegen MKS geimpft werden.

Schon in diesem Jahr wurde bei der Neufassung des Deutschen Tierseuchengesetzes, das am l. Juni 1991 in Kraft trat, die

Impfung gegen Maul- und Klauenseuche nicht mehr genannt.

Selbst die Einfuhr von geimpften Tieren und Tierprodukten aus impfenden Ländern ist jetzt bei uns verboten. Die entsprechenden Einfuhrkontrollen wurden erheblich verschärft.

Um so unverständlicher ist folgendes:

Gewissermaßen als „Vorsichtsmaßnahme“ wurde dem Bayer-Konzern eine Zuwendung in Höhe von vielen Millionen DM gewährt, zum Ausbau eines Impfstoffwerkes zur Herstellung von Maul- und Klauenseuchen-Impfstoffen und zur Anlage einer „Impfstoffbank“.

Dieses Werk wird auf der Insel Riems bei Greifswald in Mecklenburg entstehen. Auf dieser Insel wurde vor dem letzten Krieg der erste MKS-Impf Stoff entwickelt und späterhin auch produziert. Das Institut heißt: Friedrich-Loeffler-Institut für Tierseuchenforschung Insel Riems.

Da Mecklenburg wegen der Spaltung Deutschlands nicht mehr zum Gebiet der Bundesrepublik gehörte, wurde in Tübingen die „Bundesforschungsanstalt für Viruserkrankungen der Tiere“ neu gebaut. Deren Aufgabe aber war nicht die Gewinnung von Impfstoffen. Diese Aufgabe wurde der Pharmaindustrie übertragen – worauf Impfstoffwerke im Westen entstanden, zu deren Errichtung die Bundesregierung viele Millionen Zuschüsse gewährte.

Man faßt sich an den Kopf:

Als verantwortungsbewußte Ärzte kurz nach 1970 Säuglingsimpfungen gegen Pocken nicht mehr durchführten – weil es auf der Welt nur noch wenige Pockenherde gab –, da errichteten fast alle Bundesländer in abgelegenen Gegenden „Pockenbehandlungsstationen“ und feierten dies als medizinische Großtat und berichteten darüber in den

Fachzeitschriften (z. B. BAUER, W.: „Erfahrungen bei Errichtung der Pockenisolierstation GÜLTSTEIN“, Öffentl. Gesundhw. 35,S. 474, 1973).

Keine dieser Isolierstationen hat jemals einen Pockenkranken gesehen. Als die Tage der Pocken auf unserer Erde gezählt waren, da wurde in Düsseldorf die größte, modernste (und teuerste) Impfanstalt dieser Erde errichtet. Vermutlich ist dort niemals Pocken-Impfstoff hergestellt worden.

Jetzt, wo an der Nutzlosigkeit und an der Gefährlichkeit der Impfung gegen Maul- und Klauenseuche kein Zweifel mehr besteht und diese Impfung im Bereich der Länder des Gemeinsamen Marktes nicht nur untersagt, sondern selbst die Einfuhr geimpfter Tiere oder Tierprodukte aus noch impfenden Ländern verboten wird, da gewährt die Bundesregierung dem Pharma-Konzern „Bayer-Leverkusen“ Zuschüsse in Millionenhöhe zur Errichtung eines Impfstoff-Werkes mit angeschlossener „Vakzinebank“ zur Herstellung und Lagerung von Impfstoff gegen Maul- und Klauenseuche – obwohl die Bundesregierung sich der Empfehlung der EG-Kommission, die Maul- und Klauenseuchenimpfung generell zu verbieten, angeschlossen hatte.

Daß Wissenschaftler an den Seuchen kräftig verdienen, ist seit den Impfkampagnen gegen Polio bekannt.

Auch im Zusammenhang mit AIDS gibt es derartige Verknüpfungen:

Der französische Professor MONTAGNIER sowie der amerikanische Professor GALLO (in wissenschaftlichen Diskussionen spinnefeind!) haben sich die Patente bezüglich der Testflüssigkeit zum Test auf HIV-Antikörper geteilt und gesichert.

In Österreich propagiert und verteidigt ein Virologieprofessor die Impfung gegen die Zeckenenzephalitis (FSME). Auch er besitzt diesbezügliche Patente bei der Firma „Immuno“.

## Verzeichnis einiger medizinischer Fachbegriffe

**Adenosarkom:** „Drüsenfleischgeschwulst"; Mischgeschwulst aus Drüsengewebe

**Adjuvans:** „Helfendes"; Substanz, die, in Verbindung mit einem Immunogen verabreicht, humorale und/oder zellvermittelte Immunität verstärkt

**Adventivvirus:** „hinzukommendes Virus", das im Organismus mit einem dort bereits vorhandenen Virus reagiert

**Alexie:** Leseunfähigkeit

**Alzheimer-Krankheit:** meist im fünften Lebensjahrzehnt auftretende Degenerationskrankheit mit Schwund der Großhirnrinde; führt zu schwerer Verblödung

**Anatoxin:** durch Formaldehyd und Erwärmung „entgifteter", aber immunisierender Giftstoff

**Antigen:** Substanz, die einen Körper zur Bildung von Gegenkörpern anregt

**Antikoagulans:** gerinnungshemmender Stoff

**Antikörper:** „Gegenkörper"; meist Protein, das einen Kohlenhydratanteil (über 5%) gebunden enthält

**Ätiologie:** Lehre von den Krankheitsursachen

**Autismus:** Verlust des Kontaktes mit der Wirklichkeit, Weltfremdheit, Ausdruck der Spaltung und der mangelnden Harmonie im Gefühlsbereich

**Autopsie:** Leichenöffnung zur Feststellung der Todesursache

**BCG:** Bazillus Calmette-Guerin, Impfstoff gegen Tbc

**BK:** Bazillus Koch, Tbc-Erreger

**bland:** mild, reizlos, ruhig verlaufend; nicht infektiös

**Chimäre:** DNS-Moleküle, die aus Anteilen der Desoxyribonukleinsäure verschiedener Arten rekombiniert wurden; dazu Eigenschaftswort chimärisch

**Chromosom:** Erbkörper, sichtbarer Träger der Erbinformation

**DNS:** Desoxyribonukleinsäure; wichtiger Bestandteil der Zellkerne aller pflanzlichen, tierischen und menschlichen Organismen

**DTK-Impfstoff:** kombinierter Impfstoff gegen **D**iphtherie, **T**etanus, **K**euchhusten, Fachname: **DPT**-Impfstoff – **D**iphtherie/**P**ertussis/**T**etanus

**EEG:** Elektroenzephalogramm, Aufzeichnung des Verlaufs der Hirnaktionsströme

**Ekzem:** Juckflechte, juckender Ausschlag

**Embolus:** Gefäßpfropf, in der Blutbahn befindlicher Fremdkörper

**Endothelium:** die einschichtige zellige Auskleidung aller Gefäße und Kapillaren, Zellschicht an der Innenfläche der Blut- und Lymphgefäße

**Enzephalitis:** Gehirnentzündung

**Enzephalopathie:** Sammelbegriff aller nichtentzündlichen Hirnschäden oder

Hirnerkrankungen

**Enzym:** in der lebenden Zelle gebildete organische Verbindung, die den Stoffwechsel des Organismus steuert

**Epilepsie:** Fallsucht, Sammelbezeichnung für eine Gruppe erblicher oder traumatisch bedingter oder auf organischen Schädigungen beruhender Erkrankungen mit meist plötzlich einsetzenden starken Krämpfen und kurzer Bewußtlosigkeit

**Erythem:** Hautröte infolge vermehrter Blutfülle, oft auch krankheitsbedingt

**Exanthem:** „Aufgeblühtes", ausgedehnter, meist entzündlicher Hautausschlag

**Formaldehyd:** stechend riechendes, aus Holzgeist gewonnenes Gas

**Gangrän:** (feuchter) Brand, Absterben des Gewebes

**gastrointestinal:** zum Magen und zum Darm gehörig

**Gen:** Erbeinheit, Erbanlage

**Genom:** der haploide Chromosomensatz und die in ihm lokalisierten Gene

**Hämorrhagie:** Blutung

**haploid:** nur einen einfachen Chromosomensatz enthaltend

**Hepatitis:** Leberentzündung

**Herpes:** Bläschenausschlag

**Histologie:** Wissenschaft von den Geweben des Körpers; dazu Eigenschaftswort histologisch

**Hodgkinsche Krankheit:** mit Lymphknotenschwellung und Milzvergrößerung einhergehende Erkrankung

**humoral:** die Körperflüssigkeiten betreffend

**hybrid:** gemischt, von zweierlei Herkunft, aus Verschiedenem zusammengesetzt

**Hyperarrhythmie:** über das Normalmaß hinausgehende Unregelmäßigkeit des Herzschlags

**Hyperplasie:** Vergrößerung eines Organs durch Vermehrung der Zellen und der übrigen Gewebsbestandteile; dazu Eigenschaftswort hyperplasisch

**Immunogen:** Substanz mit der Fähigkeit, eine Antikörperbildung oder zelluläre Immunreaktion auszulösen

**Immunstimulans:** Arzneimittel, das die Immunabwehr verstärkt

**intrakutan:** in die Haut; in der Haut (befindlich)

**in vitro:** im Reagenzglas

**in vivo:** am lebenden Organismus (meist Tier)

**Ischämie:** örtliche Blutleere bei erheblicher Verminderung oder völliger Unterbrechung der arteriellen Durchblutung

**kardiovaskulär:** Herz und Blutgefäße betreffend

**Klonierung:** molekularbiologische Arbeitstechnik zur Isolierung und Anreicherung von genetisch einheitlichem Material mit Hilfe von Plasmiden

**Kontamination, Kontaminierung:** Ansteckung, infektiöser Kontakt, Keimverschleppung, Keimverschmutzung, Verseuchung

**Konvulsion:** Schüttelkrampf

**kutan:** die Haut betreffend

**Langerhans-Inseln:** innersekretorischer Teil der Bauchspeicheldrüse, bestehend aus Zellinseln, welche Insulin und Glucagon bilden

**Legasthenie:** „Leseschwäche"; die Schwäche, Wörter und zusammenhängende Texte zu lesen oder zu schreiben

**Mesenchym:** embryonales Bindegewebe, dessen verzweigte Zellen ein lockeres, von Zwischenzellflüssigkeit ausgefülltes Schwammwerk bilden

**Mesenchymom:** Mischtumor des Mesenchyms mit besonderer Beziehung zum Gefäßsystem

**multiple Sklerose:** Erkrankung des Gehirns und Rückenmarks unter Bildung zahlreicher Verhärtungsherde in den Nervenbahnen

**Myokard:** Muskelschicht des Herzens, Herzmuskel

**Neoplasie:** Neubildung von Gewebe

**Neoplasma:** aufgrund einer Störung oder des Verlustes der Wachstumsregulation neu gebildetes Gewebe

**Neuritis:** akute oder chronische Erkrankung der peripheren Nerven mit entzündlichen Veränderungen des betroffenen Gewebes und Ausfallserscheinungen (z. B. Lähmungen)

**neurotrop:** auf Nerven gerichtet, das Nervensystem beeinflussend

**Ödem:** „Schwellung"; Gewebewassersucht; krankhafte Ansammlung seröser Flüssigkeit in den Zwischenzellräumen nach Austritt aus den Lymphgefäßen und Blutkapillaren

**Oligodendrozyt:** eine kleine, zur bindegewebigen Stützsubstanz des Zentralnervensystems gehörende Zelle mit nur wenigen und dünnen Fortsätzen („Armen")

**Pankreas:** Bauchspeicheldrüse pathogen**:** krankheitserregend

**Pertussis:** Keuchhusten; Infektionskrankheit mit starken, anhaltenden Hustenanfällen, bläulicher Verfärbung der Haut und Atemstillstand, gelegentlich mit Schleimhautblutungen

**Plasmid:** sich selbst vervielfältigender Erbträger der Bakterien, bestehend aus ringförmig strukturierter DNS

**Poliomyelitis:** Entzündung der grauen Rückenmarksubstanz, spinale Kinderlähmung

**postvakzinal:** nach einer Impfung (auftretend)

**Protease:** eiweißspaltendes Enzym

**Protein:** einfacher Eiweißkörper

**retikuloendothelial:** das System der biologisch äußerst aktiven Endothel- und

Retikulumzellen betreffend

**Retikulumzelle:** ortständige Zelle von Knochenmark und lymphatischem Gewebe

**retrosternal:** hinter dem Brustbein gelegen

**Retrovirus:** RNS-haltiges Tumorvirus

**RNS:** Ribonukleinsäure

**Saprobiont:** Fäulnisbewohner; tierisches oder pflanzliches Lebewesen, das in oder auf verwesenden organischen Stoffen lebt und sich von diesen ernährt

**senile Demenz:** durch Verengung der arteriellen Gefäßabschnitte im Gehirn oder durch einfachen Schwund der Gehirnmasse bedingte Geistesstörung

**spinal:** dornig, dornartig, zum Rückgrat oder zum Rückenmark gehörig

**subarachnoidal:** unter der Spinngewebshaut des Gehirns oder des Rückenmarks gelegen

**TAB-Impfstoff:** Impfstoff gegen Typhus-Paratyphus A und B

**Tetanus:** Wundstarrkrampf

**Thorax:** Brustkorb

**Thrombose:** Blutpfropfbildung innerhalb der Blutgefäße

**Toxin:** von Bakterien, Pflanzen oder Tieren ausgeschiedener oder beim Zerfall von Bakterien entstandener organischer Giftstoff

**Trauma:** seelischer Schock; Wunde, Verletzung durch äußere Gewalteinwirkung

**Vaccina generalisata:** in bis zu 30% der Fälle tödlich verlaufende Pustelaussaat am 7. bis 10. Tag nach der Pockenschutzimpfung; Abheilung ohne Narben

**Vacciniavirus: Virus,** das zur Pockenschutzimpfung verwendet wurde (und noch in geringem Umfang eingesetzt wird); die heute verfügbaren Stämme gehen vermutlich auf ein Kuhpockenvirus des 19. Jahrhunderts zurück, unterscheiden sich aber deutlich von diesem

**Vakzin (das) = Vakzine (die):** Impfstoff, bestehend aus lebenden, durch bestimmte Kulturverfahren oder andere Methoden in ihrer Virulenz abgeschwächten oder abgetöteten Krankheitserregern

**Vakzination:** Impfung mit Vakzinen

**Vakzinvirus:** Kuhpockenvirus; häufig gleichbedeutend mit Vacciniavirus

**vaskulär:** die Gefäße betreffend

**Vektor:** Überträger von Krankheitserregern von befallenen Menschen oder Tieren auf empfängliche Wirte; Vektoren können unbelebt (Staub, Abwasser, Tröpfchen, Kleidungsstücke, Handtücher) oder belebt sein

**Virulenz:** quantitatives Maß der krank machenden Eigenschaften eines bestimmten Erregerstammes gegenüber einem bestimmten Wirt

**zerebral:** das Großhirn betreffend

## FREMDSPRACHIGE LITERATUR ÜBER DIE IMPFSCHÄDEN
**insbesondere über die Schäden durch Salk- und Sabin-Impfstoffe**

Fernand Delarue, „*L'intoxication vaccinale,* 1977, Editions du Seuil, Paris.

Louis Pollen, „*Pourquoi Us ne seront pas vaccinés,* Imprimerie de l'Ère Nouvelle, Lausanne.
*Illinois Medical Journal,* Aug./Sept. 1962, USA.

Giulio Maccacaro, *Per una medicina da rinnovare,* 1979, Feltrinelli, Mailand.

*Truth,* Neuseeland, Feb. 2, Feb. 9, Feb. 16, Mär. 9, 1983.

Dr. Jean Pilette, La *Poliomyélite,* 1975, Survie, Belgien.

Eleanor McBean, *The Poisoned Needle,* 1974, American Natural Hygiene Society, Bridgeport, CT, USA.

Eiben, *Vaccination Condemned,* Better Life Research, 1981, Po Box 42002, Los Angeles, USA.

Attorney Tom Finn, *Dangers of Compulsory lmmunizations: How to Avoid Them Legally,* 1983, Family Fitness Press, PO Box 1658, New Port Richey, Florida, USA.

Dr. Archie Kalokerinos and Glen Dettman, *Viral Vaccines – Vital or Vulnerable?,* Biological Research Institute, PO Box 117, Warburton, Victoria, Australia.

Dr. Richard Moskowitz, *The Case Against Immunizations,* Journal of the American Institute of Homeopathy, Mär. 1983.

Dr. Harold E. Buttram and John Chriss Hoffmann, *Vaccinations and Immune Malfunction,* 1982, Humanitarian Publishing Co., Quakertown, PA, USA.

Christopher Kent, D. C., Ph. D., *Drugs, Bugs, and Shots in the Dark,* Health Freedom News, Jan. 1983, USA.

Arnaldo Brioschi e Alberto Donzelli, *Processo alle Vaccinazioni,* 1979, Pubblicazioni Popolari Scientifiche, Milano.

Die *Revue Médicale de Liege* (Belgien) vom 15.10.1976 zählt nicht weniger als 41 deutsche, französische, englische und italienische Veröffentlichungen auf, die über die verheerenden Schäden der Polioimpfung berichten.

Harns L. Coulter and Barbara Loe Fisher, *DPTA SHOT IN THE DARK.*

Wamer Books, New York, 1985 (ins Deutsche übersetzt).

**Weltweite Dokumente, welche die totale unverzügliche Abschaffung aller Tierversuche fordern;**

Hans Ruesch, **Nackte Herrscherin.** Entkleidung der medizinischen Wissenschaft, 3. Auflage (vergriffen).
Hans Ruesch, **Die Fälscher der Wissenschaft.** Technischer Rapport und Anhang, 120 Bilddokumente, 4. Auflage.
Hans Ruesch, **Die Pharma-Story** – der GROSSE Schwindel, 5. Auflage.
Ruesch/Fliegel, **1000 Ärzte gegen Tierversuche.**
Herbert und Margot Stiller, **Tierversuch und Tierexperimentator,** 5. Auflage.
Herbert Stiller, **Die herzlose Wissenschaft.**
Pietro Croce, **Tierversuch oder Wissenschaft – eine Wahl.**
H. Coulter, **Impfungen – der Großangriff auf Gehirn und Seele.** Impfschäden durch Kinderimpfungen, 3. Auflage.
S. Delarue, G. Buchwald, **Impfungen – der unglaubliche Irrtum.** Eine grundlegende Studie über Impfschutz und Impfschäden aus weltweiter Forschung und Literatur, 7. Auflage.
S. Delarue, G. Buchwald, **Impfschutz – Irrtum oder Lüge?** Der große Ratgeber zum Thema Impfschutz. 3. Auflage.
J.-F. Grätz, **Sind Impfungen sinnvoll?** Ein Ratgeber aus der homöopathischen Praxis, 4. Auflage.

**Aufklärungs- und Mitarbeitermaterial:**
Hans Ruesch, **Die moderne Barbarei.** 40 S. Fotodokumente mit Kurztext.
Mitarbeiterhefte **NEIN ZUM TIER-KZ-GESETZ.** 16 Seiten Fotos mit Kurztext.
Aufklärungs- und Mitarbeiterhefte **Tierversuche.** Jedes Heft 8 Seiten, 10x21 cm.
Heft Nr. 1: Tierversuch – Wissenschaft oder Verbrechen?
Heft Nr. 2: Das Alibi-Gesetz.

**Buchwald, Dr. G.**

## Der Rückgang von Tbc trotz „Schutz“-Impfung

Von der Schwindsucht (Tbc) zum Infektionsschutzgesetz (IfSG)

2002, 176 Seiten

ISBN 978-3-87569-133-7

Größter Impftest der Geschichte: 1968 bis 1971 führte die WHO - Weltgesundheitsorganisation - einen riesigen Tbc-Feldversuch in Indien durch. Dort wurden in einem Areal mit 206 Dörfern ca. 364 000 Menschen gegen Tbc geimpft. Große Bestürzung bei den Impfexperten, die ein Milliardengeschäft in der Dritten Welt erhofft hatten: im geimpften Areal gab es mehr Tbc-Erkrankungen und Todesfälle als im gleich großen ungeimpften Areal.

Die Stiko (Ständige Impf Kommission am Robert Koch-Institut) brauchte 27 Jahre, um das Ergebnis des größten Impftests (s. oben) bekannt zu geben und die Tbc-Impfung abzusetzen.

Die Todesfälle an Tuberkulose gingen von 117 593 im Jahr 1901 auf 630 in 1999 zurück. Der Internist und Lungenfacharzt Dr. Buchwald führt die Leser von den Vätern wissenschaftlicher Erkenntnisse über die Forschungen so berühmter Männer wie Koch, Pasteur, Ehrlich, Dettweiler, Röntgen, Bremer über ihre Taten auch zu ihren Irrtümern.

Die „Kochsche Lymphe“, das berühmt-berüchtigte Tuberkulin, brachte Koch Ämter, weltweiten Ruhm. Spekulanten versprachen hohe Gewinne und zauberten Sanatorien aus dem Boden. Doch schon 1893 schlug das Pendel um: Das Kochsche Wundermittel Tuberkulin führte bei Menschen zum Aufflammen sämtlicher tuberkulöser Herde. Die neu entstandenen Sanatorien fanden als Tbc-Sterbehäuser nur schwer eine andere Verwendung und verfielen. Doch Robert Koch stand weiterhin hoch in Ehren und bekam 1905 den Nobelpreis. Was hat den Rückgang der Schwindsucht (Tbc) wirklich bewirkt?

**Coulter, Dr. H. L.**

## Impfungen - der Großangriff auf Gehirn und Seele

Vorwort von Dr. med. G. Buchwald

5. Aufl. 2004, 344 Seiten

ISBN 978-3-87569-108-5

Schulmedizin - Naturheilkunde speziell Homöopathie und TCM (Traditionelle Chinesische Medizin). Kinderimpfungen und ihre Auswirkungen: Autismus, Entwicklungsstörungen, Hyperaktivität, Lernbehinderung, Allergien. Coulter analysiert 50 Jahre medizinische Spezialliteratur. So ist eine einmalige medizinisch-wissenschaftliche und gleichzeitig menschliche Analyse des Kinderimpfprogramms und seine Auswirkungen entstanden.

**Kneißl, Dr. med. G.**

## Impfratgeber aus ganzheitlicher Sicht

Eine Entscheidungshilfe für Eltern

3. Auflage 2008, 293 Seiten
ISBN 978-3-87569-117-7

Dieses vollständig überarbeitete und auf den neuesten Stand gebrachte Buch des bekannten Arztes Dr. med. Kneißl, ist eines der meistverkauften Bücher zum Thema „Impfen“. Es soll Eltern zeigen, wie sie Ihre Kinder am besten schützen können und beinhaltet Antworten auf Fragen, die Eltern für eine Impfentscheidung brauchen:

- welche Impfungen und welche Impfstoffe gibt es?
- erklärt die Impfungen leicht verständlich.
- beschreibt mögliche Impffolgen.
- gibt zahlreiche Tipps für Eltern aus seiner täglichen Praxis.
- zeigt Alternativen auf, um Ihre Kinder vor Impfschäden zu schützen.
- stellt Therapiemöglichkeiten dar, wenn bereits Impfschäden existieren.

Auszüge aus Studien und die eigene Erfahrung aus seiner eigenen Arztpraxis machen dieses Buch zu einem wertvollen Ratgeber für eine differenzierte Impfentscheidung.

**Delarue, S.**

## Impfschutz - Irrtum oder Lüge?

Anhang von Dr. med. G. Buchwald:
Impfungen - ein Geschäft? - Impfungen bei Tieren

3. Aufl. 1997, 264 Seiten

ISBN 978-3-87569-153-5

In den Ländern der Dritten Welt wird seit Jahrzehnten sehr viel geimpft, zum Teil mehr als bei uns; und doch grassieren dort gerade die Seuchen, gegen die am meisten geimpft wird. Der größte Impftest der WHO (Weltgesundheitsorganisation) gegen TB in Indien an 260 000 Menschen wurde nicht fortgeführt, weil die Impfung völlig erfolglos war. Dieses Buch „Impfschutz - Irrtum oder Lüge?" protokolliert die Geschichte der Impfungen und die offiziellen Statistiken, also den Verlauf der Pocken, Diphtherie, Kinderlähmung, TB, Keuchhusten, Tetanus usw.: in jeweils mehreren Ländern: vor Einsetzen der Impfungen, während der Massenimpfungen und nach ihrem Absetzen. Die Ergebnisse überraschen jeden! Frage (falls jemand an Impfungen glaubt): Gegen welche der über 300 „Grippeviren" soll man sich impfen lassen?

**Grätz, Dr. J.-F.**

## Sind Impfungen sinnvoll?

Ein Ratgeber aus der homöopathischen Praxis

8. Aufl. 2005, 176 Seiten

ISBN 978-3-87569-109-2

In diesem Ratgeber aus der homöopathischen Praxis „Sind Impfungen sinnvoll?" geht es nicht um einzelne Impfungen, sondern um Grundsätzliches:

Anhand von biologischen Zusammenhängen und Naturgesetzmäßigkeiten hinsichtlich unseres Immunsystems sowie dem Wesen von Krankheiten, führt der Homöopath den Beweis, unabhängig von Statistik und Zahlen, dass Impfungen eine große Missachtung von Naturgesetzen sind und eine der heutigen Hauptursachen für ein völlig durcheinander gebrachtes Immunsystem. Darüber hinaus zeigt der Autor sowohl vorbeugende Lösungsmöglichkeiten auf, als auch „in praxi", wenn schon gesundheitliche Reaktionen oder Probleme aufgetreten sind.

Ein wahrhaft empfehlenswerter Ratgeber in erster Linie für Mütter mit Kindern, Homöopathen, Heilpraktiker, Ärzte und dann für jeden, der sich für Homöopathie, für Gesundheit, Krankheit, Neigung zu Krankheiten und echtes Heilen interessiert.

**Scheibner, Dr. V.**

## Impfungen, Immunschwäche und Plötzlicher Kindstod

100 Jahre weltweite Impfliteratur beweisen: Impfungen schützen nicht, sondern schwächen das tmmunsystem und schaden

2000, 328 Seilen

ISBN 978-3-87569-132-0

Durch Viera Scheibners Forschungen könnten jährlich 1000 Babys in Deutschland, weltweit mehrere 10000. vordem Plötzlichen Kindstod bewahrt werden. Dies ist aber nur ein Teilverdienst dieses Buches. Dr. Scheibner analysierte 30000 Seiten impfliteratur. Die Hauptaussage ist: „100 Jahre schulmedizinischer Forschung beweisen, dass Impfungen ansteckende Krankheiten nicht verhindern, sondern einen medizinischen Angriff auf das Immunsystem darstellen und mehr Leid und mehr Tod als jede andere menschliche Aktivität in der gesamten Geschichte der Medizin verursachen."